엄마표 토론

엄마표 토론

말 한마디
질문 하나로 시작된다

박진영 지음

한울림

'진짜' 토론력이 중요한 시대, '엄마표'에서 길을 찾아라

"왜 가면을 쓰고 토론을 해?"

2022년 1월, 대선 등 정치 이슈로 뜨겁던 시기에 한 방송사에서 〈가면 토론회〉라는 프로그램을 방영했다. 가면과 목소리 변조로 정체를 숨긴 논객들이 3 대 3으로 정치와 사회 이슈에 대해 토론을 하는 프로그램이었다. '엄마표 토론'을 3년 넘게 해온 터라 신개념 토론 방송이라는 타이틀에 관심이 생겨 방송 시간까지 메모해가며 아이와 함께 '본방사수'에 나섰다. 얼마나 열띤 토론이 벌어질지 기대를 품고 방송을 보는데, 아이가 갑자기 물었다. 왜 가면을 쓰고 토론하냐고.

'가면을 쓰는', '정체를 숨기는' 토론 콘셉트 자체가 토론을 일상적으로 하는 아이 눈에는 이상해 보였던 까닭이다. 아이 말에도 일리가 있는 것이 패널들이 정체를 알아맞히는 자체가 재미의 핵심인 〈복면가왕〉도 아니고, 끝까지 누구인지 밝히지도 않을 거면서 가면을 쓰고 토론하는 게 건강한 토론 문화 확립에 도움이 되는지 의문이 든 게 사실이니까. 게다가 얼굴을 숨기고 토론한다는 방송 콘셉트 자체가 현재 우리 토론 문화의 수준을 보여주는 것 같아서 씁쓸한 기분마저 들었다. 프로그램 기획 의도에도 드러나듯이 '계급장 떼고' 마주 앉아 토론할 수 있으려면 내가 누구인지 감추고 상대가 누구인지 몰라야만 가능하다는 사실이 우리 사회의 현주소를 보여주는 것 같았기 때문이다.

가면이야 그냥 넘긴다 해도 토론만 제대로 진행되었다면 참 좋았을 텐데 방송을 보는 내내 마음이 불편했다. 토론인지 비방인지 알 수 없는 언행, 상대의 말을 끝까지 듣지 않고 거칠게 몰아붙이는 태도, 격앙된 감정을 그대로 쏟아내는 비매너까지…. 토론을 하겠다고 대표 논객으로 앉아있는 출연자들이 과연 토론이 무엇인지 알고는 있는지 의구심마저 들었다.

물론 소수 논객의 문제이긴 했지만, 목소리 큰 출연자들이 주도하는 토론 분위기는 그야말로 아수라장이었다. 나름 객관적 데이터와 논리를 동원해 의견을 개진하긴 했으나 '다소 지적(知的)인 말싸움' 그 이상도 그 이하도 아니었다. 아무리 논제가 민감한 정치 이슈라 하더라도 자신의 의견을 그렇게밖에 드러낼 수 없는지, 방송사는 이 '싸움'을 의도한 것인지 도무지 이해되지 않았다.

토론 좀 한다고 선발됐을 논객들이 펼치는 토론은 어떤지 '공부 삼아' 아이와 함께 시청 중이었던 나는 민망하고 부끄러운 마음을 감출 수 없었다. 아이의 눈치를 보며 "저건 제대로 된 토론이 아니야!"라는 변명까지 할 필요가 없었단 게 다행이라면 다행일까. 방송 중간에 아이가 먼저 "저 사람들이 하는 건 토론이 아닌 것 같은데?"라는 말을 했기 때문이었다.

문제의 토론 방송은 특정 논객의 정체가 탄로 나면서 단 2회 만에 조기 종영되고 말았다. 시청자 반응이 좋지 않았던 것은 정체가 너무 일찍 들통나 재미가 없어진 탓도 있겠지만, 가면으로 정체를 숨긴다는 콘셉트가 '말을 막 해도 되는' 상황으로 변질된 이유가 클 것이다.

한 편의 막장드라마 같은 토론 방송을 보면서 '자신의 정체를 감추지 않으면서 상대방의 배경과 상관없이 논리정연하고 거침없는 토론이 펼쳐지는 문화는 언제쯤 가능할까'라는 생각이 머릿속을 스쳐 갔다. '토론'이란 말로 그럴듯하게 포장된 싸움이 아니라 거친 설전을 펼치더라도 서로에게 예의를 다 하고 더 나은 결과를 도출해 나가는 품격 있는 토론이 일상화될 수는 없는 것일까?

성숙한 토론 문화가 우리 일상에 자리 잡지 못한 이유는 무엇일까? 자세히 말할 것도 없이 문제의 원인도, 그 해결 방법도 모두 교육에 있다. 요즘 들어 그 어느 때보다 토론교육에 쏠린 관심이 지대하고, 일부 지자체에선 토론식 수업을 교육과정에 도입하는 등 토론이 공교육 안으로 들어오고 있지만, 말 그대로 '교육'으로서의 토론, '학습'으로서의 토론에 머물 뿐이다. 여기서 드는 의문 하나, 왜 갑자기 토론교육이 교육현장에서 급물살을 타고 있을까? 그건 그 무엇으로 대체할 수 없는 토론교육의 장점 때문이다.

토론은 종합 사고력 활동의 끝판왕이다. 단순히 생각하고 말하는 행위만이 아니라 배경지식과 다양한 근거를 동원해 자기 생각을 체계화하고 논리화하며 그것들을 연결하고 융합해 창의적인 문제해결 방법을 제안하고 설득하는 과정이다. 사고에서 끝나는 게 아니라 자기 생각과 의견을 효과적으로 전달하는 표현력도 길러준다. 그뿐이랴, 사회 관계적 측면의 효과도 굉장하다. 토론은 혼자 하는 활동이 아니다. 상대와 다양한 의견을 주고받으며 경청하는 법, 존중하는 법을 배우고, 다른 사람의 입장을 배려하고 이해하며 공감하는 능력도 키울 수 있다. 이러한 태도의 습득은 나아가 바른 가치의 형성 및 인성과 인품에도 영향을 끼친다.

자, 그런데 이건 어디까지나 토론교육의 잘된 예, 바람직한 결과물로 누군가는 지극히 이상적인 기대치라고 생각할지도 모르겠다. 그런 생각이 드는 이유는 실제 우리 토론교육은 이와는 다른 길로 가고 있기 때문이다. 딱 잘라 말해서 이상과 현실의 괴리가 심하다. 왜일까? 토론 역시 '결과'를 내야 하는 공부 혹은 과목처럼 여기는 분위기 탓이다. 전혀 준비되어 있지 않은 아이들에게 토론이 중요하다며 무작정 들이밀어 봤자 어렵고 하기 싫고 지루한 과제가 하나 더 생겼다고 느낄 뿐이다. 그뿐만 아니라 우리 교육의 만연한 현상인 '경쟁' 구도가 토론에도 그대로 적용되는 것 또한 문제다. 설득을 통한 합리적 결과 도출이 아니라, '이기고 지는 문제'로 인식하니 토론이 가진 순기능이 제대로 작동하지 못한다. 〈가면 토론회〉의 논객들을 보며 느낀 안타까움도 같은 맥락의 연장선에 있다. 출연진들에게 토론은 나와 의견이 다른 상대방을 이겨야 하는 대결이었던 것이다.

사교육으로 간 토론교육

다시 우리의 토론교육으로 돌아와 보자. 인터넷 포털 검색창에 보면 이용자들 간에 질문과 답을 주고받을 수 있는 페이지가 있다. 토론을 키워드로 검색해 보면 이런 글을 심심찮게 발견할 수 있다.

"학교에서 ○○와 관련된 토론을 하는데 제가 찬성(반대) 입장을 하게 됐어요. 찬성(반대) 측 의견과 근거 좀 부탁드려요. 도와주세요."

문제를 인식하고 스스로 생각하고 관련 자료를 찾고 의견을 정리하는, 토론을 통해 얻을 수 있는 이 모든 훌륭한 배움의 기회를 질문 하나로 남에게 맡겨버리는 모습을 볼 때면 가슴이 답답해진다. 물론 대체로 이럴 거라고 성급한 일반화를 하면 안 되겠지만 현재 대한민국 토론교육의 한 단면임은 분명하다.

토론이 익숙하지 않은 아이들에게 어느 날 갑자기 '이제부터 토론 시작!'이라고 선언하면서 논제를 던져주니 어디서부터 뭘 어떻게 해야 할지 모르는 아이들은 당황할 수밖에 없다. 다른 과목처럼 참고서도 없으니 답을 모르는 문제를 풀어야 하는 절박한 심정으로 누구에게든 도와달라고 요청할 수밖에 없다.

머리가 아프기는 엄마도 마찬가지다. 토론이 가진 장점도 알고 토론교육의 방향성에도 동의하는데, 솔직히 공교육이 어디까지 감당해줄 것인가에 대해 확실한 믿음이 없다. 코딩교육 의무화 때 그랬던 것처럼 토론교육의 일반화가 오히려 엄마와 아이의 학습 부담만 가중시키는 건 아닌지 걱정이 든다. 미래형 교육으로 바뀌는 거라고 하는데 반갑기는커녕 불편하기만 하다. 모든 교육이 시험, 입시와 연결되는 우리나라 교육의 특성을 감안하면 '차라리 문제를 풀고 정답을 맞히는 옛날 방식이 더 낫다'는 하소연이 충분히 이해된다.

토론식 교육은 당면한 현실인데 아이도 부모도 가야 할 방향을 모른다. 그럼 어떻게 될까?

이때 가장 보편적이고 간편한 방법이 있으니, 바로 사교육이다. 우리나라 토론교육은 대부분 사교육이 담당하고 있다고 해도 과언이 아니다. 토론이 점점 더 중요해지는 시대라며, 토론교육의 효과가 어마어마하다며, 모든 공부의 기본이 된다며, 미래형 인재를 키우는 방법이라며 사교육 시장은 부모의 불안을 파고들어 점점 몸집을 불리고 있다.

토론 사교육 시장에서 불안감을 부채질하는 건 다른 과목들보다 훨씬 쉽다. 왜냐, 엄마 세대에게는 토론교육 경험이 전무하다시피 한 까닭이다. 국어, 영어, 수학은 어느 정도 엄마가 커버한다고 해도 토론은 시작할 엄두조차 나지 않는다. 무엇을 어디서부터 어떻게 해야 하는지 모르는 백지상태다. 그러니 토론력을 길러준다는 책이나 교재를 찾아 헤매고, 좋은 학원을 알아보는 정도가 엄마가 할 수 있는 최선일 수밖에 없다.

사교육 현장에서 보면 이보다 좋은 상황이 어디 있을까. 토론교육이 왜 필요한지, 얼마나 훌륭한 교육인지, 나아가 학교 교육과정에서 토론교육이 강화된다는 사실만 강조해도 엄마들 지갑을 열기 쉬워진다. 한국의 토론교육이 사교육으로 가게 된 맥락이 여기에 있다.

이기고 지는 경쟁은 토론의 본질이 아니다

여태껏 이야기한 것은 토론학원이나 사교육을 폄하하고자 한 말이 아니다. 모든 사교육에 명과 암이 있듯, 토론 역시 부족한 부분을 채워주고 더 깊이 있는 배움을 제공하며, 나아가 바른 교육의 가치까지 실천하는 사교육도 분명 존재할 것이다. 다만 토론이 사교육으로 갔을 때 생기는 보편적인 부작용, 즉 경쟁적인 구도 및 결과 지향적인 학습으로 자리매김하는 것에 대한 우려를 말하고 싶을 뿐이다.

이와 관련해 겪은 일화가 있다. 지난해 초등학교 6학년인 조카가 친구와 함께 2인 1조로 토론대회에 나간다며 토론글을 좀 봐 달라는 부탁을 해왔다. 한 유명 사교육 업체에서 주최하는 토론대회였는데 1, 2차까지 온라인으로 토론 에세이를 제출해 심사를 통과하면 마지막 3차에서 대면 토론대회를 거쳐 최종 우승팀을 가리는 방식이었다. 학원에서 토론을 배우긴 했지만, 엄마가 시키지도 않았는데 자발적으로 토론대회에 나가겠다고 하는 게 기특하기도 하고, 또 우리나라 토론대회는 어떻게 치러지는지 궁금한 마음이 들어서 관심 있게 과정을 지켜보았다. 그리고 몇 가지 불편한 사실을 깨달았다.

아이들의 토론글은 찬성 측 혹은 반대 측으로 나눠 각자 주장을 하고 그에 맞는 각종 객관적인 데이터와 근거들을 덧붙이는 방식으로 제법 논리적인 흐름을 갖추고 있었으나, '아이다운' 관점이나 창의적인 문제해결 방법 같은 건 보이지 않았다. 논제 자체가 찬반 논쟁이 격렬했던 이슈다 보니 이미 여기저기서 거론됐던 의견들을 모아 정리해 놓은 것처럼 보였다. 조카에게 몇 가지 문제를 지적하면서 '너희만의 시각이나 비판, 창의적인 생각이 들어가면 좋겠다'라는 의견을 냈는데, 나중에 최종 제출본을 보니 내 의견이 거의 반영되어 있지 않았다. 아쉬운 마음에 조카에게 그 이유를 물었는데, 이런 답이 돌아왔다.

"저는 분명히 전달했어요. 근데 친구가 자기 논리가 허점 없이 완벽하다며 안 고치겠다고 하더라고요. 학원에서 그 주제로 이미 토론해 본 적도 있대요."

조카의 말에서 몇 가지 사실을 유추할 수 있었다. 학원에서 같은 논제로 토론하는 동안 선생님으로부터 '배운' 것들이 아이에게는 마치 정답처럼 느껴졌을 것이란 점, 정답을 기반으로 작성했으니 자신의 글이 틀린 데 없이 완벽하다고 생각했을 것이란 점 등이다. 게다가 내가 '창의적인 생각'을 요구했으니 아이의 입장에서는 '논리적 토론에 웬 창의적 생각?' 이런 의문을 가졌을지도 모르겠다. 우리나라 토론학원들이 어떤 방식으로 가르치는지는 정확히 모르지만, 아무래도 정해진 시간 안에 결과를 보여줘야 하는 사교육 특성상 기다림이 필요한 교육은 어려울 수밖에 없다. 다시 말해 토론의 가장 큰 목표인 깊이 있는 사고나 창의적 문제해결 능력보다는 데이터와 근거를 바탕으로 강력하게 자신의 주장을 펼칠 수 있게 이끌어주는 편이 더 쉬운 것이다.

1, 2차를 거쳐 결선에 진출한 조카 팀은 아쉽게도 준결승 진출로 만족해야 했다. 수많은 참가팀들 중에서 그만한 성과를 올린 것만으로도 훌륭한데, 조카는 큰 아쉬움을 드러냈다. 나는 아직도 조카가 토론대회를 치르고 돌아와서 했던 말을 잊지 못한다.

"우리가 토론을 시작할 때부터 상대 팀을 째려보면서 기선 제압을 잘했어요. 중간에 우리가 공격할 때 상대 팀이 말을 못 하고 머뭇거려서 우리가 이겼다고 생각했는데…. 우리가 왜 졌는지 진짜 모르겠어요."

대회의 특성상 당연히 경쟁 구도가 형성될 수밖에 없겠지만, 나는 조카의 말에서 나온 '기선 제압'이니 '공격'이니 하는 표현에서 안타까움을 느꼈다. 아이들에게 토론은 국어, 영어, 수학과 마찬가지로 성적과 순위를 매기는 또 하나의 공부가 됐구나, 그래서 상대를 이기는 것이 토론의 목표가 됐구나 하는 생각이 들면서 마음에 무거운 돌덩이가 얹힌 듯했다.

토론은 경쟁교육이 되어서는 안 된다. 토론이 아니어도 이미 우리 아이들은 수많은 경쟁에 휩싸여 있다. 그 경쟁의 결과가 낳은, 헤아릴 수 없이 많은 교육의 문제점 또한 잘 알고 있다. 토론은 사고 활동이고, 생각하는 행위는 경쟁할 수 없는 카테고리다. 토론을 과목으로 공부로 학습으로 규정해버리면 정작 본질적 가치는 사라지고, 토론교육으로 얻어지는 효과들도 그저 이상에 불과한 것으로 여겨질 뿐이다. 이런 식의 토론교육이라면 10년이나 20년, 아니 그 이상 이어진다 한들 애초 토론을 학교 교육과정에 도입하고자 한 궁극적인 목표를 달성하긴 어렵다. 토론이 또 다른 평가나 성적의 기준이 되어 더 효과적인 사교육을 추구하는 학습열만 높아질 뿐이다.

우리가 가야 할 토론교육의 바른길은 '엄마'에게 있다

내가 토론교육에 본격적으로 관심을 두게 된 것은 독일교육을 경험하면서부터다. 돌아보면 아이의 유년시절에 취득했던 논술지도사 자격증 공부를 할 때 토론교육이 어떤 것인지 살짝 맛본 경험이 있긴 하다. 그 당시 학부모들 사이에 한창 논술 사교육 열기가 뜨거웠는데, 나중에 나도 내 아이를 직접 가르치겠다는 마음으로 논술지도사 과정을 이수하기로 마음먹었더랬다. 그러나 솔직히 고백하자면, 자격증을 따는 과정에서 공부와는 별개로 진한 허무함을 느꼈다. 내가 학창시절에 배웠던 토론교육과 별반 다를 게 없다는 사실에서 오는 실망감이었다. 이런 수업이 21세기를 사는 아이들에게 여전히 유효한가, 사고력을 높이고 창의력을 기른다는 목적에 부합하는가 하는 의문에 나의 대답은 '아니오'였다.

시간이 흐르면서 잊고 있었던 문제의식은 독일에 사는 동안 공교육 현장에서 행해지는 토론교육을 경험하면서 되살아났다. 아이가 초등학교에 입학하자마자 '독일교육은 이런 것!'이란 깨달음이 찾아온 것은 아니다. 몇 년간 지속되는 교육과정을 보면서 토론교육이 어떤 방식으로 이루어지고, 수업을 벗어나 토론이 일상 속으로 어떻게 스며드는지, 또 그 결과가 어떻게 나타나는지를 목격한 뒤부터다.

독일은 토론을 따로 교과로 가르치지 않는다. 당연히 사교육도 존재하지 않는다. 다만 아이들이 아주 어릴 때부터 의식하지 못하는 사이에 토론 기본기를 생활의 일부분으로 가르친다. '노는 것이 오직 전부'인 유치원에서 아이들은 어떤 놀이를 할 것인지 친구와 이야기해서 결정하고, 놀다가 다툼이 생겨도 선생님의 개입은 최소화한 채 아이들이 중심이 되어 문제를 해결하도록 배운다.

초등과정으로 넘어가도 이런 분위기의 연장선에서 자기 생각과 의견을 표현하는 생활지도 및 학습이 계속해서 이루어진다. '토론'이라는 단어도 모르고, 제대로 대화가 안 될 때부터 이런 식으로 토론을 경험한 아이들은 본격적으로 공부해야 하는 학년이 됐을 때 자신도 모르게 체득한 토론의 내공을 십분 발휘한다.

독일 토론교육의 구체적인 방식이 궁금했던 나는 독일에 살던 당시, 이와 관련해 몇몇 인사들을 인터뷰한 적이 있다. 그들의 답변은 대체로 앞에서 언급한 내용과 비슷했다. 아주 어릴 때부터 그것이 토론인지 인지하지도 못한 채 토론하는 능력을 기른다는 것, 그로 말미암아 본격적으로 학습해야 할 때가 오면 자연스럽게 토론을 할 수 있다는 것, 토론식 수업은 전 과목에 걸쳐 공통으로 적용된다는 것, 수년에 걸쳐 이런 교육을 받은 아이들은 학교 안팎에서 누구를 만나도 어떤 문제로든 토론이 가능하고, 또 즐긴다는 것이었다.

토론교육이 독일 전반에 뿌리를 내리게 된 것은 거의 반세기를 거슬러 올라간다. 1976년 독일의 한 작은 도시에서 이뤄진 '보이텔스바흐(Beutelsbach) 협약'이 그 시작이다. 당시 분단국가였던 독일은 교육정책에 큰 혼란을 겪고 있었고, 이 문제를 해결하기 위해 독일의 교육자, 정치가, 학자, 시민단체 등이 보이텔스바흐에 모여 치열한 토론을 벌였다. 그 결과 교사의 일방적인 주입식 교육을 금지하고, 학생의 독립적 판단을 돕는 내용을 골자로 하는 교육 협약을 탄생시켰다. 처음에는 정치와 역사교육에 한정된 지침이었으나 이후 모든 공교육 영역으로 확대되었고, 독일 공교육의 기본 가치로 기능하게 되었다.

역사적 배경도 그렇지만 독일에서 토론이란 단순히 구체적 방법론이 아니라 교육을 관통하는 철학과도 같다. 실제로 독일교육의 목표는 '성숙한 민주시민을 길러내는 것'인데, 독립적으로 생각하고 건강하게 비판하고 나와 다른 관점도 수용할 줄 아는 의식과 태도를 갖춘 '성숙한 인간'으로의 성장을 전 생애에 걸친 교육을 통해 돕는 셈이다.

토론교육에 관한 관심이 커지면서 많은 학부모들에게 바이블처럼 여겨지는 '하브루타'도 단순히 학습법이 아닌 교육철학과 가치의 실천이라는 점에서 독일 토론교육과 맥락을 같이 한다. 유대인들의 전통적인 교육방법인 하브루타는 이스라엘의 모든 자녀 교육과정에 보편적으로 적용되는 방식이다. 부모와 자녀, 교사와 학생, 또 친구끼리 계급이나 성별에 상관없이 두 명이 짝을 지어 논쟁을 벌이고, 사유의 과정을 통해 답이 없는 물음에 스스로 답을 찾아나간다. 흥미로운 점은 아주 어릴 때부터 하브루타 교육을 경험한 아이들은 토론을 일종의 놀이로 인지한다는 점이다. 집에서 부모님과, 유치원이나 학교에서 선생님, 친구들과 늘 '질문하고 답하고 설명하면서' 지내온 아이들에게 토론은 지극히 자연스러운 일상이자 문화일 뿐이다.

하브루타 토론이든 독일식 토론이든, 또 많은 지점에서 우리나라 교육의 롤모델이 되는 미국식 참여형 토론 수업이든 외국의 바람직한 교육 사례는 때로 우리에게 좋은 길을 제시해줄 수 있다.

특히 '일찍부터 토론을 시작해야만 하는 이유'에 대한 근거를 보여 주고 있다는 점에서 참고할 만한 이유가 충분하다. 그러나 다른 나라의 교육이 우리에게 모범 답안이 될 수 있을지 없을지를 결정하는 것은 전적으로 개개인의 몫이다. 왜 그럴까? 본질적 가치보다는 효과적 측면에만 집중해서 학습법이나 교수법을 개발하는 데만 몰두하는 우리의 교육 현실 때문이다. 일례로 하브루타식 교육을 표방하는 학원이나 교습소는 이미 우리 주변에 차고 넘친다. 심지어 어렸을 때부터 습관으로 만들어야 한다며 유아들을 대상으로 한 교재와 교구들도 끊임없이 개발, 출시되고 있다.

토론은 공부가 아니라 일상이자 문화의 한 형태가 될 때 비로소 누구도 넘볼 수 없는 견고한 힘을 갖는다. 그러나 토론을 일상으로 만드는 것은 사교육으론 불가능한 일이다. 엄마와 함께, 가족과 함께 생활 속에서 자연스레 토론하는 분위기가 형성되어야 가능하다.

토론의 힘이 중요한 시대, 우리 아이에게 어떤 '토론력'을 길러 줄 것인가? 그 해답은 '엄마'에게 있다.

차례

2장 엄마표 토론 실전을 위한 준비

3장 엄마표 토론 이렇게 따라 하라

1장

엄마표 토론을
시작해야 할 때

엄마표 토론은
왜 없을까

토론이 일상으로 들어와 문화가 되어야 한다는 것은 곧 습관과도 맥락을 같이 한다. '습관'의 사전적 정의는 '어떤 행위를 오랫동안 되풀이하는 과정에서 저절로 익혀진 행동방식'이다. 여기서 주목할 표현은 '저절로 익혀진'이다. 습관 형성은 오랜 반복 끝에 저절로 그리고 무의식적으로 이뤄질 때가 많다. 좋은 습관을 들이려고 일부러 노력하는 경우도 있지만, 자신도 모르는 사이에 익혀지고 만들어진 습관이야말로 강력하다. 이를 토론에 대입해 보면 무의식적으로 '오랫동안 되풀이하는' 과정을 거쳤을 때 완전히 몸에 익은 습관이 되어 자연스러워진다는 얘기다. 일주일에 한두 번 학원에서 토론 수업을 받는 것으로는 습관이 들기 어렵다는 뜻이기

27

도 하다. 수업을 통해 토론 경험을 쌓고 배울 수는 있겠지만 습관화한다는 건 완전 다른 범주의 이야기다.

'토론 학습'의 '습'이 진짜다

습관(習慣)에도 들어있는 '습(習)'은 요즘 들어 굉장히 중요한 개념으로 받아들여지고 있다. 그동안 우리가 무심코 써왔던 학습이라는 단어도 배우는 '학(學)'과 익히는 '습(習)'이 합쳐진 말이지만 최근엔 '학'이 아닌 '습'에 방점이 찍힌다. 학교에서도 학원에서도 가정에서도 '학습'이 이루어진다고 생각하겠지만, 냉정하게 보면 모두에게 공통된 단어는 '학'에 불과하다. '습'은 학습자의 노력 여하에 따라 달라지는 것이기 때문이다. 수많은 연구 결과와 데이터가 보여주는 자기주도 학습의 효과에서도 '습'의 중요성이 부각되고 있고, 심지어 우리 아이들이 살아갈 AI 시대에서는 '습'만이 살아남는 비결이라며 '학'을 평가 절하하기도 한다. 인공지능 시대에 '습'의 중요성을 설파한 《습의 시대》에서 저자는 "'학(學)'은 지식이나 정보를 배우는 명시적 지식에 해당한다. '습(習)'은 그 내용을 몸으로 직접 익히는 내재적 지식이다."라고 정의하며, 정보가 차고 넘치는 시대에 '학'은 이미 과포화 상태이며 종말을 맞고 있다고까지 말한다. 즉 경험과 숙련을 바탕으로 한 내재적 지식인 '습'이야말로 눈에 보이지 않는 진짜 지식이라는 것이다.

다시 토론으로 돌아와 보자. 토론을 '습'하고 나아가 '습관'으로 만들기 위해서는 '학'에 대한 집착을 버려야 한다. 토론이 무엇인지 어떤 형식인지를 배우고 다양한 주제를 경험하며 배움을 축적해 가는 게 아니라 '내재적 지식'으로 체득하고, 언제 어느 때든 상황에 맞게 자유자재로 구사할 수 있어야 한다. 축적하면 체득하는 거 아니냐고? 엄연히 다르다. 이렇게 생각해 보면 쉽다. 우리는 대학 입학을 위해 엄청난 양의 지식을 축적하지만, 시험이 끝나면 거의 잊는다. 온전히 내 것으로 체화된 지식만이 남는다. 그 지식은 시간이 지나도 빛이 바래지 않는다.

우리나라의 사교육 시장은 참으로 발이 빠르다. '습'의 중요성이 강조되니까 사교육 현장에서는 '그러니 최대한 연습량을 늘려야 한다'는 식으로 대응한다. 영어가 됐든 수학이 됐든 쓰기가 됐든 절대적으로 양이 늘어나야 '습'이 된다는 논리다. 틀린 말은 아니다. 배움도 마찬가지겠지만 익힌다는 건 특히나 지름길이 없다. 효과적 방법, 즉 질적 차이가 있을 수는 있어도 양적 효과를 무시할 수 없다. 그렇다면 '습'을 위해 아이들을 학원에 더 많이 보내야 할까? 학원에서 오랜 시간을 보내며 많은 양의 공부로 '습'을 형성해야 할까? 우리는 이미 답을 알고 있다. 이와 관련해 한 가지 일화를 소개한다.

수학을 좋아하지는 않지만 잘하는 지인의 딸이 있다. 초등학교 6학년인데 벌써 3년 과정의 수학을 선행 중이다. 수학을 즐겁게 공부하는 방법을 알려주고 싶어서 어느 날 재미있어 보이는 사고력 문제 하나를 내밀었다. 축구공의 단면을 보고 정육각형이 몇 개인지를 알아내는 문제였다. 문제를 보자마자 아이가 말했다. "나, 이거 알아요. 학원에서 배워서 답을 외웠거든요!" 한 번 학원에 갈 때마다 3시간씩 공부하다 온다고 들었는데, 벌써 그렇게 몇 년을 공부했으니 엄청난 양의 문제가 데이터화되어 머릿속에 쌓여 있는 듯했다. 문제만 봐도 생각할 필요 없이 답이 척척 나오니 짧은 시간에 많은 문제를 풀 수 있고, 같은 방식으로 이미 많은 유형의 문제를 경험해 봤으니 당연히 성적도 잘 나올 수밖에 없을 터. 그러나 이 방식은 진정한 의미의 '습'이 아니라 기술의 반복에 가깝다. 이런 방식으로 터득한 수학 지식은 나중까지 지속될 수 없다. 자기 것이 아니기 때문이다.

'토론'이 아닌 '엄마'에 집중하라

그럼 토론을 내재화하고 자기 것으로 만들기 위해서는 어떻게 해야 할까? 시도 때도 없이 많이 해 봐야 한다. 정해진 시간에 각 잡고 앉아서 "자, 이제부터 토론!"이 아니라 밥을 먹다가도 TV를 보다가도 "그럼 네 생각은 어떤데?"라고 묻고 서로의 같고 다른 생각을 편하게 주고받을 수 있어야 한다. 잘 가르친다는 토론학원을 알아볼 게 아니라 엄마가 나서야 한다. 아침에 눈을 떠서 잠자리에 들 때까지 순간순간 다양한 질문을 던질 수 있는 사람은 학원 선생님이 아니라 바로 엄마다. 게다가 사교육 현장에서 다루는 토론 주제들은 대부분 초등 고학년을 대상으로 하며, 내용 역시 비슷한 틀 안에 있다. 학원에서 수많은 유형의 수학 문제를 경험하면서 '척 보면 척' 하는 '기술'이 느는 것과 별반 다르지 않다. 이런 논제에 대해서는 이런 찬반 의견이, 저런 논제에 대해서는 저런 찬반이 존재한다는 것을 '배우는' 것이다.

주위에 보면 '엄마표 학습'을 하는 분들이 더러 있다. 코로나 시대에 학교에 가는 날이 줄어들고 아이들의 학습에도 차질이 생기면서 '엄마표'에 대한 관심은 더 커지는 분위기다. 인터넷 맘 카페에는 '엄마표 학습'에 대한 고민을 토로하거나 방법론을 공유하는 글이 적잖이 올라온다. 예전 '엄마표 학습'이 사교육 대체재로서 일부 엄마들의 자발적인 선택이었다면, 코로나 사태 이후 공교육의 한계가 드러나면서 지금은 어쩔 수 없이 '엄마표 학습'을 해야 하는 상황으로 내몰린 것 같다. 이를 위한 엄마들의 노력도 눈물겹다. 교과서는 기본, 시중에 깔린 수많은 엄마표 수업 교재를 공부하고 인터넷 강의를 들으며 아이를 가르친다. 안 그래도 할 일이 많은 엄마들에게 '엄마표 학습'까지 요구되니 얼마나 고단할지 미루어 짐작하고도 남는다.

그나마 '엄마표'를 할 시간적 여력이 된다면 다행이다. 직장맘들에게 '엄마표'는 단어 자체가 언감생심이다. 나 역시 그랬다. 아이가 초등학교에 입학할 때까지 야근은 기본, 심지어 주말 근무도 심심치 않게 해야 했던 일하는 엄마였던 터라 '엄마표'는 이예 생각조차 해 본 적이 없었다. 시간과 노력 측면에서 '엄마표는 아무나 하는 게 아니다'라는 결론을 스스로 내렸던 것이다.

그랬던 내가 이제는 만나는 사람마다 '엄마표 토론을 해야 한다'고 주장하는 사람이 되었다. 이율배반적이라고 느낄지 모르지만 아니다. '엄마표 학습'에 대한 내 생각이 짧았음을 깨달았기 때문이다. '엄마표 학습'에서 우리가 방점을 찍어야 할 부분은 '학습'이 아니라 '엄마'다. 지식을 채우는 수단을 넘어 엄마와 함께 배우고 익히는 중에 일어나는 정서적·관계적 측면의 가치는 돈 주고도 살 수 없는 것이기 때문이다.

토론도 마찬가지다. '토론'이라는 단어가 주는 무게에 눌릴 게 아니라 '엄마'에 집중해야 한다. 짧으면 짧은 대로 길면 긴 대로 엄마는 아이와 매일 마주 보고 함께 시간을 보내는 상대다. 30분이든 1시간이든 아이와 같이 있는 일상에서 토론이 필요한 상황은 얼마든지 일어날 수 있다. 그것도 '공부'나 '배움'으로서가 아닌 '대화'

와 '교감'의 형태로 말이다. 필요에 따라 일주일에 몇 번, 날짜와 시간을 지켜서 수업하는 '엄마표 토론'이라 해도 마찬가지다.

엄마는 선생님이 아니다. 완벽하게 가르치고 아이를 이해시키고 지금 당장 눈에 띄는 결과물을 얻기 위해 애쓸 필요가 없다. 그저 토론을 '아이와 함께 하는 즐겁고 보람 있는 활동'으로 인식하면 된다. 특정 주제에 대해 의견을 나누고 질문을 통해 아이를 자극함으로써 생각이 조금씩 깊어지는 과정 자체가 더없이 훌륭한 학습이다. 아이도 토론을 엄마와 나누는 깊고 진지한 대화 정도로 받아들여야 거부감이 생기지 않는다. 그렇게 토론 자체에 익숙해지면서 완전한 자기 것, 즉 진짜 지식을 얻게 된다.

하루아침에 갑자기 잘할 수 있는 분야가 아니란 점에서도 토론만큼은 '엄마표'일 필요가 있다. 아이가 어리면 어린 대로 할 수 있는 범주의 토론 활동이 있고, 초등학교 저학년이면 저학년대로 또 그에 맞는 활동이 존재한다. 토론을 잘할 수 있는 기본적인 능력은 일상 속에서도 충분히 터득할 수 있는 것들이다. 게다가 아이마다 성향도 관심사도 모두 다르다. 자연에 관심이 없는 아이도 있고 과학에 흥미가 없는 아이도 있다. 말하기를 좋아하는 아이도 있고 내성적인 아이도 있다. 설령 사교육이 하나부터 열까지 다 맞춤식으로 교육해준다고 해도 '내 아이를 가장 잘 아는' 엄마를 따라올 수는 없다.

그럼에도 불구하고 여전히 엄마들에게 '엄마표 토론'은 너무 멀고 두려운 대상일 수 있다. 충분히 이해한다. 제대로 된 토론을 경험해 본 적이 없으니 겁이 나는 게 당연하다. 영어, 국어, 수학, 과학 등은 학교 다닐 때 '과목'으로 배웠으니까 어느 정도 노력하면 가르칠 수 있을 것 같지만 토론은 생판 다른 분야, 즉 내가 할 수 없는 전문가의 영역처럼 느껴진다. 정답이 없는 공부라는 점에서 더 그렇다. 다른 과목처럼 참고서의 도움을 받기도 어렵다. 시중에 나와 있는 토론 교재를 참고할 순 있겠지만, 알다시피 아이와 하는 토론은 절대로 책에 써진 대로 흘러가지 않는다.

상황이 이러하니 막상 시작하고 싶은 마음이 들더라도 온갖 걱정이 발목을 잡는다. '잘 모르는 내용이 나오면 어떡하지?' '아이 질문에 답을 못해주면 어쩌지?' '나는 말을 잘 못하는데?' '내가 혹시 틀리게 말하면 어떡하나?' '의견이 달라 싸우기라도 하면 어쩌지?' 같은 가르치는 내용에 대한 걱정만 아니라 '아이가 잘 못한다고 화를 내면 어떡하지?' '그러다 괜히 아이랑 사이만 나빠지는 거 아니야?' '차라리 돈을 써서 사교육 하는 게 서로 좋지 않을까?' 하는 관계적인 문제로까지 걱정이 확대된다.

이제 답을 드리겠다.

잘 모르는 내용이 나오면 어떡하지? 토론은 반드시 어려운 주제, 시의성 있는 논제를 다뤄야 한다고 생각하기 때문에 하는 걱정이다. 그러나 아이와 하는 토론에서 굳이 엄마도 잘 모르는 내용을 얘기할 필요가 있을까. 자연스럽게 생각이 말로 나와야 하고, 그 생각과 의견들을 주고받는 과정에서 서로 즐거워야 아이가 '토론=재밌는 것'으로 인식할 수 있다. 엄마가 할 수 있는 것, 관심 있고 하고 싶은 이야기부터 시작하면 된다. 설령 중간에 모르는 내용으로 확장된다 해도 걱정할 필요가 없다. 엄마는 전지전능한 존재가 아니다. 모르는 내용을 함께 찾아보는 것 또한 좋은 공부다.

아이 질문에 답을 못해주면 어쩌지? 왜 엄마는, 어른은 모든 것을 다 알고 있어야 한다고 생각할까. 아이가 엄마가 답하지 못할 질문을 했다면 그것만으로 칭찬할 거리가 된다. "엄마도 잘 모르는 내용인데 어떻게 그런 질문을 떠올렸어?"라고 칭찬과 인정을 동시에 해주면 된다. 나 역시 아이와 토론하다가 같은 상황을 자주 겪는다. 아이와의 토론은 어디로 튈지 알 수 없다. 분명히 잘 아는 내용으로 시작했는데 중간에 아이 질문에 말문이 막히곤 한다. 그럴 때는 "정말 좋은 질문이야!"라고 말한 뒤 함께 답을 찾기 위해 노력한다. 어떤 경우에는 내가 잘못 알고 있는 사실을 아이가 지적할 때도 있다. 그런 일을 겪으면 부끄러울 것 같다고? 거꾸로 생각해보자. 엄마가 부끄러워할 일이 아니라 아이가 기특한 상황이다.

나는 말을 잘 못하는데? 이 걱정 역시 토론에 대한 선입견이 가져다준 기우다. 토론은 말로 상대를 이겨야 하는 게임이 아니다. 토론 프로그램을 보고 있으면 말 잘하는 사람이 능력 있어 보이긴 한다. 온갖 배경지식을 동원해서 논리를 펼치는 것을 보면 '저런 게 진짜 토론'이라는 생각도 든다. 그러나 우리가 아이와 토론을 하는 건 토론 배틀에 나가기 위해서도 말하는 기술을 기르기 위해서도 아니다. 거듭 강조하지만, 아이와의 토론 활동에서 가장 중요한 목표는 토론하는 습관을 들이고, 언제 어디서든 어떤 주제로든 아이가 자기 의견을 당당히 말할 수 있는 태도를 길러주는 것이다. 엄마가 자기 생각을 밝히는 것은 중요하지만 그럴 때 굳이 말을 잘할 필요가 있을까. 내 의견을 말하고 아이 의견을 묻고 적절한 반응을 보여주는 것은 달변가가 아니라도 할 수 있는 일이다.

내가 혹시 틀리게 말하면 어떡하나? 토론에서는 '맞고' '틀리고'가 없다. 이런 걱정 자체가 성립되지 않는다. 우리나라 사람들, 특히 어른들의 언어습관을 보면 '다르다' 대신 '틀리다'를 쓰는 경우가 많다. '다른 색깔'을 '틀린 색깔'로 '다른 경우'를 '틀린 경우'로 말하는 식이다. 그러나 토론에서는 '틀린' 생각이나 '틀린' 의견이 없다. 모두 다를 뿐이다. 같은 상황을 겪고, 같은 책이나 영화를 보더라도 누구나 각자 '다른' 생각과 의견을 갖는 게 당연하다. 그 '다름'에서 배워가는 게 바로 토론이다.

의견이 달라 싸우기라도 하면 어쩌지? 토론에서 의견이 다른 건 매우 자연스러운 일이다. '논쟁'을 토론의 꽃이라고 하는 것도 찬성과 반대로 극명히 갈리는 서로의 의견과 생각들을 주고받으며 더 많은 것을 배우고 균형 잡힌 시각을 기를 수 있기 때문이다. 토론이 싸움으로 변질되는 이유는 '나만 옳다'는 잘못된 생각과 상대에 대한 존중과 예의가 없기 때문이다. 어떤 생각이나 의견이 됐든 아이를 인정하고 존중하는 태도를 먼저 보인다면, 싸움으로 치달을 이유가 없다. 오히려 이 과정에서 아이가 '갈등 조정'이나 '대화를 통한 문제해결 방법'을 배우는 학습 효과도 기대할 수 있다.

아이가 잘 못한다고 화를 내면 어떡하지? 그러다 괜히 아이랑 사이만 나빠지는 거 아니야? 차라리 돈을 써서 사교육 하는 게 서로 좋지 않을까? 이런 관계적 걱정을 없애는 방법은 딱 하나, 기대치를 낮추는 것이다. 어떤 사안에 대해 아이가 온갖 지식을 동원해 논리적으로 자기주장을 내세우면 좋겠다는 바람은 엄마의 욕심일 뿐이다. 첫술에 배부를 수 없듯이 처음부터 잘하는 아이는 없다. '이런 대화가 가능하구나' '이런 생각과 의견을 나누는 활동이 가능하구나'라는 감사가 먼저 있어야 한다. 일상 속에서 어느 정도 토론이 꾸준히 이뤄진 후에야 '어떻게 이런 생각을 다 할까?' '아는 게 정말 많구나' '생각이 깊어졌네' '제법 논리가 단단해졌어' 같은 감탄이 따라오는 법이다.

당장 필요할 때 시작하면 늦다

토론의 효과는 즉각적으로 나타나지 않는다. 바로 이 부분이 엄마들이 시작하기 좋은 장점이 되기도 하고, 하다가 지치는 단점이 되기도 한다. 꾸준함을 무기로 삼는 엄마들에게는 장점이 먼저 보일 것이고, 당장의 성과를 따지는 엄마들에게는 단점이 더 크게 보일 것이다. 확실한 것은 티가 나지 않을 뿐 아이는 서서히 발전한다는 사실이다. 나는 아이가 아홉 살이었을 때부터 토론을 시작해 4년이 되는 지금까지도 계속 엄마표 토론을 해오고 있다. 그 덕분에 지금은 서로 통하지 않는 대화가 없고, 논제로 올리지 못할 주제가 거의 없다. 아이가 어른만큼의 지식을 배경에 깔고 있지 못하지만 사안마다 자신이 생각하는 바, 그렇게 생각하는 이유, 이유의 근거와 사례 등을 거침없이 말하고 들을 줄 안다. 다른 '엄마표 학습'이 주는 보람도 크겠지만, '엄마표 토론'을 통해 아이의 생각이 자라는 것을 지켜보는 행복은 비교할 수가 없다.

이제는 엄마표 학습의 대명사가 된 '엄마표 영어'도 처음이 있었다. 20여 년 전 그 분야를 개척한 엄마들이 모두 다 영어 능력자들이었을까? 그렇지 않다. 그럼에도 사교육에 의지하지 않고 꾸준히 '엄마표 영어'를 실천해 훌륭한 영어 실력을 갖추게 된 성공 사례들이 적지 않다. 다들 영어를 '엄마표'로 학습할 엄두조차 내지 못하고 있을 때 '엄마표'의 장점을 알고 시작한 선구자들이 지금 시대의 영어 보편화에 어느 정도 기여했음은 부정할 수 없다.

그 당시 '영어'가 교육의 핵심 중 하나였듯이 앞으로 교육에서 '토론'은 점점 더 중요한 위치를 차지하게 될 것이다. 정작 급한 상황이 왔을 때 시작하려고 하면 늦다. 더구나 토론은 바로 실전에 투입해 봐야 즉각적인 효과를 기대하기 힘든 영역이다. 우리가 지금 당장 엄마표 토론을 시작해야 할 이유가 여기에 있다.

토론의 재정의가 필요하다

"영어, 수학은 그런대로 괜찮은데 국어 능력이 가장 문제인 것 같아요. 곧 중학생이 되면 시간도 부족할 텐데… 걱정이에요."

"유치원부터 초등 1학년까지 외국에서 있었더니 국어에 빈틈이 많아요. 생활할 땐 문제가 없는데 학습으로 들어가면 부족한 게 많이 보이더라고요. 급한 대로 논술학원이라도 알아봐야 할까요?"

"첫째 때 국어는 그냥 잘하겠거니 하고 내버려 뒀더니 나중에 엄청 고생하더라고요. 그래서 둘째는 초등학교에 입학하자마자 바로 시작할 생각이에요. 어떻게 하는 게 좋을까요?"

"애가 일곱 살이라 지금은 어렵지만 나중에 저도 아이랑 토론을 해 보고 싶어요. 적어도 초등학교 고학년은 되어야 가능하겠죠?"

40

지인들을 만나면 대화 주제가 으레 아이들의 공부 이야기로 흐를 때가 많다. 그때마다 이런 질문들을 받는데, 내 대답은 늘 같다.

"아이와 직접 토론을 해 보지 그래요?"

그리고 매우 아쉽게도 99퍼센트 이런 반응이 돌아온다, 그것도 일말의 고민 없이.

"내가 그걸 어떻게 해요?"

이런 반응의 배경에는 '토론'이라는 단어 자체가 우리에게 주는 무게감, 부담감이 작용한 탓이 크리라. 우리가 '토론' 하면 떠올리는 일반적인 이미지, 즉 능숙한 진행, 달변, 논리적 설득, 풍부한 지식, 날카로운 질문과 같은 것들이 토론을 '나와는 거리가 먼 것'으로 규정하게 만드는 것이다.

아이에게 직접 영어와 수학을 가르치며 '엄마표'를 몸소 실천 중인 열정적인 엄마들조차도 토론 이야기가 나오면 급격히 작아진다. 무엇을 어디서부터 어떻게 시작해야 할지 전혀 감히 오지 않는 까닭이다. 토론 자체가 익숙하지 않은 세대의 한계이기도 하다. 영어, 수학과 달리 딱 떨어지는 정답이 없다는 것도 엄마들을 난감하게 만드는 요소다.

시중에 나와 있는 수많은 토론 교재를 보면 이런 생각은 더 굳어진다. '아, 어렵다. 내가 할 수 있는 영역이 아니구나.' 큰맘 먹고 호기롭게 시작한 엄마들도 머리에서 쥐가 나면서 '나는 누구, 여긴 어디?'라는 소위 멘붕 상황에 직면하게 된다. 왜냐고? 간단하다. 앞 장에서 말했듯이 아이와의 토론은 절대 책에 써진 대로 흘러가지 않기 때문이다. A를 말하면 아이가 B라고 말하고, 그다음 C-D-E-F로 흘러가 줘야 하는데 아이는 절대 B라고 말하지 않는다. 첫 단추부터 원하는 구멍에 끼워지지 않는 걸 보며 패닉에 빠진 엄마는 시작과 동시에 길을 잃는다. 그리고 같은 결론에 도달한다. '내가 할 수 있는 영역이 아니다. 차라리 돈(사교육비)을 쓰자.'

내가 이미 토론을 하고 있다고요

아이의 국어 능력을 걱정하며 공부 방법을 물었던 지인과 그의 딸이 대화하는 장면을 우연히 목격한 적이 있다. 아이의 생일파티를 두고 어디서 할지 몇 명을 초대할지에 대한 대화였다. 친한 친구 두세 명만 초대해 집에서 하자는 엄마와 달리, 딸은 될 수 있는 한 많은 친구들을 초대해 클라이밍 같은 스포츠 체험을 하고 싶다고 했다. 작년 생일에 도자기 만들기 체험을 했을 때 비용도 품도 너무 많이 들었으니 올해는 소박하게 하자는 엄마의 주장과 일 년에 한 번뿐인 생일파티고 주인공인 자신의 의견이 가장 중요하다는 딸의 주장이 팽팽히 맞섰다. 이동의 번거로움, 안전 문제 등을 들어 반대하는 엄마에게 딸은 중학생이 되면 이런 생일파티는 못할 확률이 높으니 이번만큼은 친구들과 재미있는 추억을 만들고 싶다고 말했다. 아이의 말에 흔들린 엄마는 결국 차 한 대로 함께 이동할 수 있는 규모로 인원을 줄이면 그렇게 하겠다는 제안을 했고, 아이는 이를 수락했다.

옆에서 듣고 있던 나는 대화가 끝나자 이렇게 말했다.

"아이와 이미 토론을 하고 있는데요?"

내 말에 잠시 어리둥절한 표정을 짓던 아이 엄마는, 곧 하고 싶은 말이 아주 많은 눈치였다. '이게 무슨 토론이에요, 그냥 평소에 하는 대화지'라는 반박부터 '토론을 해 보라고 하더니 이런 걸 말하는 거였어요?'라는 의심까지 읽어낸 나는 도리어 지인에게 이런 질문을 던졌다.

"토론이 뭐라고 생각하세요?"

토론의 사전적 정의는 '어떤 문제에 대하여 여러 사람이 각각 의견을 말하며 논의함'이다. 이러한 정의를 자로 들이대 보더라도 지인과 딸의 대화는 토론임이 분명하다. 생일파티를 어떻게 보낼 것인가(문제)에 대해 엄마와 딸(여러 사람)이 각각 의견을 말하며 논의했으니까. 하지만 이렇게 설명하며 '당신은 이미 토론을 하고 있다'고 말해도 대부분은 바로 수긍하지 않는다. 앞에서 말한 토론의 일반적 이미지, 즉 토론의 '스테레오타입'이 머릿속에 각인된 탓이다.

모름지기 토론이라 하면 좀 더 그럴싸한 주제나 심오한 논제를 다루어야만 할 것 같고, 제대로 된 형식을 갖추고 치열한 설전을 벌여야만 할 것 같다. 좋다, 백번 양보해서 그게 토론의 '궁극적인 지향점'이라고 하자. 그렇다고 해도 우리가 상상하는 토론 장면이 바로 연출될 수 있을까? 과정 없는 결과는 없다. 생일파티 준비가 됐든 여행지 선택이 됐든 지극히 사소한 문제부터 의견을 내고 논의하는 과정을 경험하며 토론 상황에 이숙해지지 않고서는 결코 원하는 목표에 도달할 수 없다.

수학에 비유해 보면 쉽게 이해된다. 미적분을 잘하려면 연산부터 잘해야 한다. 더 거슬러 올라가면 아주 어릴 때 수의 개념을 알고 숫자 세기부터 시작해 차근차근 단계를 밟아 나가야 미적분 풀이도 해낼 수 있다. 일차방정식도 경험해 본 적 없는 아이에게 어느 날 갑자기 '이제 때가 되었으니 미적분을 공부하자'라고 할 수 없는 노릇이다.

생일파티를 두고 벌어진 엄마와 딸의 대화는 이슈의 차이만 있을 뿐 어느 집에서나 흔히 있을 법한 풍경이다. 아이에 따라 주제가 조금씩 다르고 진행 상황에 차이는 있더라도 하나의 사안에 대해 각자 의견을 내고 조율해가는 대화 방식은 지극히 보편적이다. 완전히 상반된 의견으로 첨예하게 대립하는 것만이 토론이 아니다. 논의를 통해 합의점을 찾는 모든 과정이 토론이다. 주말 나들이 장소로 어디를 갈 것인지, 무슨 영화를 볼 것인지 논의하는 것도 일상 속에서 벌어지는 토론 상황들이다. 어떤가? 이제 '당신도 이미 토론을 하고 있다'는 말에 어느 정도 동의할 수 있겠는가? 그러니 평소 아이에게 일방적인 지시나 통보를 하는 게 아니라, 질문을 던지고 의견을 묻고 들어주는 대화 방식을 가진 엄마라면 토론의 기본 뼈대는 충분히 갖춘 셈이다.

학습적인 접근이 필요하지 않다는 말이 아니다. 엄마가 감당하기 어려운 논제들을 다루어야 할 순간이 언젠가는 반드시 온다. 평소에 크고 작은 토론 경험을 차곡차곡 쌓은 아이는 학습으로서 토론이 필요한 순간이 왔을 때도 제대로 힘을 발휘한다. 기본을 건너뛰고 스킬만 배운 사람은 예기치 못한 상황이나 변수 앞에서 무너지기 쉽지만, 기초 체력이 튼튼한 사람은 다르다. 어떤 위기를 만나도 헤쳐나갈 수 있다는 의지와 자신감으로 뭉쳐 있으니까 말이다.

토론을 둘러싼 관념 혹은 편견에서 벗어나기

우리집은 아이와 관련된 무언가를 결정할 때 반드시 본인의 의견을 묻고 논의하는 과정을 거친다. 아주 어릴 때부터 습관처럼 해 온 일이다. 지극히 사소한 일상생활 문제부터 사교육과 같은 중요한 일까지, 그것이 아이와 관련된 일이라면 반드시 그렇게 한다. 오랜 기간 그런 체제를 유지하다 보니 무엇 하나도 쉽게 넘어갈 때가 없다는게 단점(?)이라면 단점이다. 이를테면 지난해 여름, 운동이 필요하다는 판단에 따라 합기도를 추천하는 우리 부부와 아직은 하고 싶지 않다는 아이의 의견이 달라 합의점을 찾는 데만 한 달여가 소요된 적이 있다. 우리 부부는 '쉬운 게 하나도 없다'고 하소연하면서도 아이가 자기 의견을 반영해 결정된 사안에 대해서는 언제나 자발적으로 최선을 다한다는 것을 알기에 그 한 달이라는 시간이 조금도 아깝거나 힘들지 않았다.

아이에게 의견을 묻는 양방향 대화 방식은 단순히 의사 존중이라는 태도적·관계적 측면에서만 중요한 게 아니다. 아이 입장에서는 본인 성장사에 자기 의지가 반영된 셈이니 어떤 일이든 부모가 시켜서 하는 상황과는 임하는 자세 자체부터 달라진다. 특히 교육에 관한 문제라면 바로 이 '의지'의 있고 없음이 엄청난 차별 포인트가 된다.

대부분의 아이들에게 공부는 '하고 싶어서'가 아니라 '해야만 하는' 영역의 일이다. 이때 자기 의지 없이 하는 공부는 부모에게 보여주기 위해서 혹은 시간을 채우기 위해서 하는 공부가 될 가능성이 크다. 효과야 어떻든 공부는 했으니 최선을 다했다고 여기는 자기합리화에 빠지기도 쉽다. 그러나 우리는 이미 하루 다섯 시간, 열 시간씩 책상 앞에 앉아있는 것보다 자기 의지를 갖고 한두 시간 집중해서 공부하는 것이 훨씬 효과적이라는 사실을 귀에 딱지가 앉도록 들어왔다. '자기주도 학습의 효과'라는 이름으로 말이다. 다시 말해 그 무엇이든 대화를 통해 스스로 필요성을 깨닫고 결정하는 과정을 거친 후 공부를 한다면 이보다 더 좋은 학습 효과는 없는 것이다.

우리집 아이가 아홉 살이 됐을 때 본격 토론 수업을 제안하고 시작할 수 있었던 이유는, 이처럼 늘 의견을 묻고 나누고 조율하고 합의하는 습관이 바탕에 깔려 있기 때문이었다. 토론의 개념조차 정확히 몰랐던 아이는 평소 '우리가 해오던 대화 방식이 곧 토론'이라는 설명을 듣고 나서 오히려 기대감마저 내비쳤다. 그도 그럴 것이 "어떻게 생각해?" "네 의견은 뭐야?"라는 질문에 익숙한 아이는 평소에도 기꺼이 자기 생각과 의견을 말하기를 좋아했다. 그런 아이에게 대놓고 '네 생각을 얼마든지 마음껏 펼쳐 봐'라고 기회를 준 셈이니 아이에게 토론은 수업이 아니라 '즐거운 대화를 맘껏 할 수 있는 시간'으로 인식되었던 것이다. 더구나 일상과 관련한 이야기에서 확장된 새로운 이슈들이 대화 주제로 올라오니 더욱 흥미진진할 수밖에.

아이가 '토론'이라는 생경한 단어에 그 어떤 거부감도 보이지 않았던 또 다른 배경에는 수업을 제안했던 나의 태도 또한 한몫했다고 믿는다. "이제부터 일주일에 한 번 엄마랑 토론 수업을 할 거야"가 아니라 "우리 토론 수업을 해 보는 게 어때?"라는 질문으로 시작해 토론이 무엇인지, 어떤 방식인지, 어떤 주제로 이야기할 것인지 등을 논의하는 과정 자체가 우리에겐 이미 즐거운 토론 경험이었으니까. 게다가 그 대화를 할 때 내 목소리가 한껏 들떠 있었으므로 아이의 기대감을 더 부추겼을 것이다. 아이와 토론 수업을 해야겠다고 혼자 생각한 순간부터 나는 이미 앞으로 벌어질 시간에 대한 기대로 설레었다.

그동안 일상 속에서 아이와 나누던 대화들이 무궁무진하긴 했어도 본격 주제 토론으로 들어가는 상황은 새로운 챕터였다. '아이에게 적절한 주제가 무엇일까'를 고민하고 선택하는 일부터 토론을 시작하고 마무리하는 데까지, 굳이 따지자면 고려해야 할 요소들이 너무나 많았다. 그럼에도 불구하고 나는 토론이라는 글자가 품고 있는 그 어떤 일말의 무게감이나 번거로움 따위는 생각하지 않기로 했다. 다만 '이런 이야기도 해 보면 좋겠다' '저런 주제도 다뤄보고 싶다' '이 문제에 대해선 어떻게 생각할까?' 하고 머릿속으로 수많은 화두를 떠올림과 동시에 아이가 어떤 의견들을 펼쳐 놓을지 상상하며 즐거워했을 뿐이다. 아니 어쩌면 토론에 대한 그 어떤 편견이나 선입견도 갖고 있지 않았던 일종의 무지(無知) 덕분에 걱정부터 하느라 시작도 하지 못하는 오류를 범하지 않았다는 게 더 정확한 표현일지도 모르겠다.

토론 책을 쓰고 있는 나는 일반적인 기준(?)에 따르면 토론 전문가가 아니다. 기관에서 정식으로 토론교육을 받은 적도 없고 다수의 학생들을 가르치고 연구한 경험도 없다. 대학에 입학해서는 토론식 수업을 제법 경험했지만, 그전까지는 전무했다(솔직히 돌아보면 대학시절 경험한 토론 역시 진짜 토론이었나 하는 회의가 들곤 한다). 굳이 끼워 넣자면 언젠가 내 아이를 가르쳐 보겠다는 심산으로 6, 7년 전 논술지도사 자격증을 취득한 게 전부다. 일천한 경력에도 불구하고 지금의 나는 '비형식 토론 활동'의 전문가쯤은 된다고 자부한다. 형식과 절차는 무시하고, 각종 용어와 방식에도 신경 쓰지 않은 채 '일단 시작!'을 외치고, 아이와 꾸준히 토론 수업을 해온 결과다.

시중에 나와 있는 수많은 토론 교재들을 보면 일단 용어 정리부터 하고, 토론의 형식과 절차에 맞춰 찬반 입장을 서술한 경우가 태반이다. 그런 '틀'보다는 '과정'이 훨씬 중요하다. 그렇지만 알아 둬서 손해 볼 것은 없으니 간단하게 토론의 기본 개념과 용어들을 짚고 넘어가고자 한다. 알고도 안 하는 것과 몰라서 못 하는 것은 근본적으로 차이가 있으니 말이다. 물론 개인적으로는 토론 용어나 개념을 끝까지 몰라도 상관없다고 생각한다. 용어와 개념의 장벽이 실천 의지를 막는 기제로 작용한다면 더더욱 그렇다.

토론의 종류에 따라 절차나 용어는 조금씩 다르다. 여기서는 기본적인 개념만 알고 가자.

논제　토론에서 논의하고자 하는 주제

토론 논제의 유형은 다시 사실논제, 가치논제, 정책논제 등으로 구분된다. 같은 주제라 해도 사실의 진위를 다루느냐, 가치관의 차이를 다루느냐, 정책의 실행 방안을 다루느냐에 따라 달라진다.

사실논제

논제가 참인지 거짓인지를 따지는 것으로 과학적인 연구 결과, 전문가 의견, 통계와 데이터 등 정확한 정보를 바탕으로 사실관계를 입증하며 주장을 펼쳐야 한다는 점에서 고도의 기술과 능력이 요구된다.

예) 코로나 백신은 예방 효과가 있다.

가치논제

가치 판단이 개입되는 주제로 이때 대립하는 쟁점은 사실 여부가 아니라 가치 선택의 문제가 된다. '어떤 가치가 더 바람직하고 옳은가' 하는 가치 판단이 대립의 축이 되며 올바른 가치관과 태도 형성에 기여한다.

예) 코로나 백신 접종은 필요하다.

정책논제

새로운 정책을 내놓는 과정에서 할 것인가 말 것인가를 묻는 형태로 반드시 현 상태에 대한 문제점에서 출발해 새로운 정책이 필요하다는 주장을 담아 표현한다. 정책 토론은 사실관계 입증 및 가치 판단을 모두 포함할 때가 많기 때문에 토론 수업에 주로 활용된다.

예) 코로나 백신 패스 제도를 시행해야 한다.

논거 자신의 주장이나 의견을 뒷받침하는 근거나 이유

논지 주장하고자 하는 내용의 요점. 논제에 대한 자신의 생각을 간추려 핵심적으로 표현하는 것

논증 자신 혹은 상대방의 의견에 대해 옳고 그름을 논리적으로 표현하는 것

입론 자신의 주장을 내세우는 발언으로 보통 첫 번째 발언을 말함. 찬성 및 반대 측 첫 발언이 각각 입론인 셈

반론 상대 주장의 허점과 오류를 지적하면서 자신의 주장을 강화하는 발언

쟁점 찬성 측과 반대 측 의견이 극명하게 갈리는 지점

최후변론 찬성 측과 반대 측이 자신의 주장을 다시 한번 최종적으로 강조하는 것

대화 그리고 질문, 토론의 다른 이름들

"오늘 토론의 논제는 '길고양이들에게 먹이주기를 허용해야 하는가'야. 이 논제는 각자의 생각과 가치관에 따라 달라지는 문제니까 가치논제라고 할 수 있어. 적절한 논거를 들어 자신의 의견을 설득력 있게 말해야 해. 토론 순서는 각각 입론하고 상대방 주장에 대한 반론을 한 뒤 최후변론으로 마무리할 거야. 지, 그럼 오늘의 쟁점이 무엇인지를 잘 생각해 보면서 토론을 시작해 볼까? 토론 절차에 따라 찬성 측 먼저 입론해 보자." •— A 방식

내가 아이에게 이런 식으로 말했다면 아이는 말을 다 마치기도 전에 정신이 딴 데로 가 있을 것이다. 아니면 '논제가 뭔가요?' '가치논제가 뭐예요?' '입론은 또 뭔데요? 어떻게 하는 건데요?'처럼 질문에 질문이 이어져 토론을 하기도 전에 아이도 나도 지쳐버렸을지도 모르겠다. 이렇게 토론을 학습이자 공부의 영역으로 접근하는 것은 재미와 흥미를 포기하겠다는 선언이나 다름없다.

공식적인 토론회에 참석하거나 토론대회 출전 같은 목적이 아니라면 굳이 입론으로 시작해 최후변론으로 끝나는 토론의 절차를 따라야 할 이유가 없다. 논제니 쟁점이나 하는 개념 역시 굳이 알아야 할 필요가 없다. 그래도 꼭 알아야 한다면 결론을 도출하는 '귀납적 방식'을 선택하는 것이 훨씬 효과적이다. 논제가 뭐다, 입론이 뭐다 개념부터 머릿속에 집어넣지 않아도 토론에 익숙해지면

저절로 논제와 논거, 입론이나 반론 등의 차이를 알게 된다. 그때 '그게 바로 논제야, 방금 한 게 입론이야' 하는 식으로 용어 정리를 해주면 이해가 훨씬 빠르다.

토론은 당연하고, 공부를 포함한 모든 활동에서 아이의 자발성을 끌어내기 위해선 '재미'가 가장 중요하다고 생각하는 나는 'A 방식'이 아니라 이렇게 말한다.

"오늘은 '길고양이 먹이주기'에 대한 문제를 이야기해 볼 거야. 너희들 길고양이 많이 봤지? '길고양이들은 대체 뭘 먹고 살까?' 이런 궁금증을 한 번쯤 가져본 적 있을 거야. 거리에서 음식을 주워 먹기도 하지만 동네 주민들이 길고양이들에게 먹이를 주는 경우도 많아. 근데 이 '먹이주기'가 사람들 사이에 '싸움의 원인'이 되기도 하는 거지! 먹이를 줘야 한다는 사람도, 주지 말아야 한다고 주장하는 사람도 각자 이유가 있을 거야. 오늘은 너희들이 그 사람들의 입장이 돼서 이야기해 볼까?" ●─ B 방식

같은 화두를 던지더라도 A 방식과 B 방식은 극명하게 다르다. A가 '대놓고 수업'이라면 B는 '호기심을 건드리는 대화'다. A가 형식에 맞춰 타의적으로 해야만 할 것 같은 발언이라면, B는 비형식의 자발적 수다라고 할 수 있다. 재미 요소뿐만 아니라 생산적인 측면, 나아가 효과와 지속 가능성까지 생각한다면 절대적으로 B의 방식이어야 한다.

토론의 다른 이름은 '대화'다. 특정 주제와 상황이 있고, 찬성 혹은 반대 의견을 밝혀야 한다는 '조건'이 있긴 하지만, 기본적으로 대화의 틀을 유지한다. 내가 아이와 아무런 부담 없이 토론 수업을 시작할 수 있었던 이유도 '토론=대화'라는 아주 기본적인 인식에서 가볍게 출발했기 때문이다. 다시 말해 '토론은 내 능력 밖의 일'이라고 치부하며 시작할 엄두도 못 낼 것이 아니라, 그냥 아이와 대화를 한다고 생각하면 된다. 그리고 그 대화를 이끌어가는 것은 첫째도 둘째도 질문이다.

'길고양이에게 먹이주기를 찬성하는 사람들은 왜 그럴까?'

'반대하는 사람들은 또 왜 그럴까?'

'네 생각은 어때?'

'친구가 너와 다른 생각을 한다면 어떤 얘기를 해주고 싶어?'

'생각이 다른 사람들끼리 서로 싸우지 않고 문제를 해결할 수 있는 방법은 뭐가 있을까?'

형식과 절차를 잊는다면 토론은 어려운 영역이 아니다. 질문과 답, 그 답을 찾으며 같고 다른 의견들이 오가는 과정 자체가 이미 토론이니까. 여기까지 말했는데도 불구하고 '대화는 쉽지만, 토론은 어렵다'라고 생각하는 이가 있다면, 그 사람의 평소 대화 스타일은 일방적이었을 확률이 높다. '대화'는 극히 일상적인 언어지만 품고 있는 행위는 헤아릴 수 없는 깊이를 지니고 있다. 소크라테스가 철학을 현실 세계로 들인 방법이 바로 '대화'였음을 상기해 보라.

토론이 대화이자 질문으로 재정의되는 순간 토론이 가능한 적정 나이는 사라진다. 일선의 많은 전문가 혹은 교사들은 적어도 초등 고학년은 되어야 토론을 할 수 있다고 말한다. 하지만 그것은 어디까지나 '하드웨어'적 측면을 따졌을 때의 이야기다. 〈100분 토론〉에서 보던 장면들만 토론인 것은 아니다. 예닐곱 살 아이나 초등 저학년 아이들과 대화할 수 있는 이야깃거리는 차고 넘친다. 나이에 따라 주제나 질문의 난이도가 달라질 뿐이다.

사교육이 대신할 수 없는 엄마표 토론의 장점들

아이와 아이 친구를 데리고 토론 수업을 해온 지도 4년이 다 돼 간다. 특별한 사정이 있을 때 한두 번 빼먹기는 했지만 비교적 긴 공백 없이 줄곧 주 1회 수업을 유지하고 있다. 연간 40회로만 계산 해도 150여 개의 주제로 토론을 한 셈이니 그간 아이들과 내가 얼 마나 많은 지적 대화를 나누었는지, 그 사이 아이들이 얼마나 성장 했을지 자세히 설명하지 않아도 어느 정도 짐작이 갈 것이다.

시간제한을 딱히 두는 건 아닌데 보통 수업당 1시간 남짓 진행 된다. 그런데 어떤 경우엔 너무 재미있는 나머지 시간 가는 줄 모르 고 2시간 가까이 토론을 하다가 중간에 잠시 쉬어 간 적도 있다. 물 론 처음 토론을 시작했던 아홉 살 때부터 그랬던 건 절대 아니다.

그 시절엔 30~40분 정도의 호흡이었던 것 같은데 점점 토론에 익숙해지면서 아이들은 '수업'이라는 사실을 완전히 망각하고 긴 대화의 즐거움에 빠져들곤 했다. 정형화된 토론의 틀을 파괴한 덕분에 우리의 토론은 정해진 주제에 한정되지도 않고, 형식에 구애받지도 않고, 언제든지 자유롭게 경계 밖으로 뛰쳐나갔다.

비트코인 열풍이 한창이던 2021년 어느 날 수업했던 가상화폐 토론이 대표적이다. 중남미의 엘살바도르라는 나라가 비트코인을 법정 통화로 지정했다는 뉴스를 가지고 토론을 했다. 재미있는 수업이 될지 걱정했는데, 웬걸 아이들의 반응은 폭발적이었다. '가상화폐의 법정 통화 지정 논란'이라는 핵심 논제에서 벗어나 지구상에 얼마나 많은 가상화폐가 존재하는지, 코인의 가치가 얼마나 천차만별인지, 어떻게 쓰이고 활용되는지, 비트코인 채굴은 어떻게 하는지, 가상화폐를 처음 만든 사람은 누구인지, 아무나 만들 수 있는 것인지 등 가상화폐 대한 질문이 끝도 없이 쏟아져 나왔다.

그뿐만 아니라 비트코인 채굴 과정에서 풀어야 하는 수학 암호 문제의 난이도와 그 문제를 푸는데 필요한 고성능 컴퓨터, 블록체인과 해킹 같은 고차원적인 문제부터 현금과 신용카드, 미래 돈에 관한 경제적 이슈에 이르기까지 우리의 토론은 한 편의 대서사시를 방불케 했다. 토론은 거기서 끝나지 않았다. 아이들은 '우리가 가상화폐를 만든다면 어떤 형태로 만들까? 어떻게 가치를 올려

부자가 될 수 있을까?'라는 아이다운 방식으로 생각을 확장하더니 '도지'라는 인터넷 밈을 마스코트로 채용한 '도지코인'으로부터 영감을 얻어 온갖 동물과 애니메이션 캐릭터의 이름을 딴 코인들이 대화에 대거 등장했다. 그동안 아이들과 했던 수많은 토론 중에서도 그날의 수업은 손에 꼽을 정도로 강렬하다. 내가 생각하는 '엄마표 토론'의 모든 장점이 응축되어 있기 때문이다.

아이에게 물었다, 엄마표 토론의 장점이 뭐냐고

엄마표 토론의 장점을 본격적으로 논하기에 앞서, 토론 활동의 당사자인 우리집 아이에게 '엄마랑 토론했을 때 좋은 점이 뭐야?'라는 질문을 던졌다. 이이의 대답을 간단히 정리하면 다음과 같다.

- 엄마랑 토론하면 편하게 얘기할 수 있어 좋아요.
- 엄마가 골라오는 토론 주제는 재미있어요. 거의 다 내가 좋아하는 주제, 재미있게 토론할 수 있는 주제들이에요.
- 무조건 정해진 시간에 꼭 해야 하는 게 아니라 내 상황에 맞춰 시간을 조절할 수 있어서 좋아요.
- 내 생각이나 의견을 들으면서 엄마가 나를 더 잘 이해하는 것 같아요.

신기하게도 아이의 답변 안에는 내가 생각하는 엄마표 토론의 장점들이 대거 녹아 있었다. 토론 수업을 준비하고 진행하는 엄마(전달자)의 목표와 직접 수업에 참여해 활동하는 아이(수혜자)의 의견이 일치하는 것을 보면서, '제대로 잘하고 있구나' 하는 생각과 더불어 '엄마표 토론을 꼭 해야 하는 이유'에 대해 다시 한번 깨닫는 계기가 되었다. 엄마표 토론의 장점은 이루 헤아릴 수 없이 많지만 아이와 나의 지난 몇 년간의 실전 경험을 토대로 대표적인 장점 몇 가지를 꼽아보면 다음과 같다.

시공간의 제약에서 자유로운 토론

엄마와 함께 하는 토론 활동은 언제 어느 때든 가능하다. '수업' 형태로 정해진 시간에 한다 해도 우리집 아이가 말한 것처럼 시간을 조절할 수 있는 '자율성'이 있다. 물론 시간을 정해 놓으면 어느 정도 수업에 필요한 긴장감을 불어넣어 주고, 약속 장치로서 역할도 하기에 효과적이다. 그러나 변경 가능성을 다소 열어 두면 가장 효율적인 시간에 토론 수업을 해서 효과를 극대화할 수 있다는 장점이 있다. 피곤한 상태인데도 학원에 가서 겨우 시간만 채우고 돌아오는 식의 수업을 '엄마표'에서 굳이 할 이유가 없지 않은가. 게다가 토론은 고도의 사고 활동이다. 최적의 상황, 최고의 컨디션이 뒷받침된다면 효과는 배가될 것이 분명하다.

그러나 내가 생각하는 '언제 어느 때'는 좀 더 넓은 의미다. 일주일에 한두 번 정해진 시간에 꾸준히 토론 수업을 하는 것도 탄탄한 기본을 쌓기에 더없이 훌륭한 방법이지만, 삼시 세끼 밥상 위에 올리고 24시간 일상에 들이는 것이야말로 엄마표 토론의 장점을 극대화하는 방법이라 할 수 있다. 토론 능력은 어느 날 갑자기 느는 게 아니다. 지극히 사소한 주제로 가벼운 대화 형식을 빌려 5분, 10분 의견을 주고받는 것부터 시작해 그런 상황이 일상 속에서 '언제 어느 때든' 자연스럽게 일어나는 것이 중요하다. 어떤 주제라도 어떤 순간에도 토론 능력을 발휘할 수 있으려면 토론이 일상이 되어야 한다는 말이다.

그때그때 시간 배분을 달리할 수 있다는 것도 엄마표 토론이 가진 장점이다. 이따금 주제에서 벗어나더라도 아이의 흥미를 따라가며 충분히 생각할 시간을 주고, 제 의견을 펼칠 수 있게 도와주는 것은 사교육 현장에선 어렵고, 엄마표만이 할 수 있는 일이다. 우리가 가상화폐를 주제로 2시간 가까이 토론할 수 있었던 것도 엄마표라서 가능했던 일이다. 반대로 토론이 30분 만에 끝났다고 해서 시간을 채우기 위해 무리수를 둘 필요도 없다. 경우에 따라 30분도 넉넉하고, 더 이상 토론을 지속하기 어려운 상황이라고 판단되면 충분한 의견 교류가 이뤄지지 않았더라도 바로 그만둘 수도 있다.

　엄마와 하는 토론은 첫째도 재미, 둘째도 재미다. 기본적으로 무조건 재미있어야 한다. 아이가 마지 못해 억지로 하게 되는 순간부터 엄마표로서의 효용은 사라진다.

아이의 생애주기를 따라가는 토론

　엄마표 토론은 아이의 생애주기를 따라갈 수 있다. '토론 활동에서 웬 생애주기?'라고 할 수 있겠지만, 엄마표에서만 가능하고 엄마표이기에 할 수 있는 일이다. 앞 장에서 말했듯이 토론은 적어도 초등학교 고학년은 되어야 가능하다는 게 일반론이다. 토론을 하려면 주제를 이해하는 능력, 텍스트를 읽고 파악하는 능력, 배경지식의 축적, 의견과 생각을 드러내는 표현력 등이 요구되기 때문이라는 게 그 이유다. 그러나 이것은 토론을 학습의 형태로 규정하고, 일정한 형식과 절차에 따른 '스테레오타입'의 토론을 전제로 했을 때 나오는 결론이다.

　누누이 강조하지만 이런 토론에 대한 선입견을 버려야 한다. 아무런 준비가 되어 있지 않은 아이가 초등 고학년이 되었다고 해서 하루아침에 토론을 잘하게 되진 않는다. 빠르게는 유아 때부터 시작해 초등학교 저학년, 초등학교 고학년, 중학교까지 아이의 성장

속도에 맞춰 은근하고 자연스럽게 토론 활동을 이어갈 때 토론에서만큼은 그 누구도 넘볼 수 없는 단단한 세계를 구축한 아이로 성장할 수 있다.

이른 시작이 좋다고 해서 유치원생에게 토론 사교육을 시킬 수는 없는 노릇이다. 아무리 똑똑한 아이라고 해도 초등학교 1, 2학년 때부터 토론학원에 다닌다면 진짜 재미를 맛보기도 전에 일찌감치 토론에 질려버릴 게 뻔하다. 아이의 생애주기를 따라가며 토론 활동을 함께 할 수 있는 건 부모뿐이다. 너무 걱정할 건 없다. 어떤 상황에서든 아이와 대화할 준비만 되어 있다면, 아이의 생각과 의견을 묻고 조율하는 과정에서 토론 능력은 저절로 싹튼다.

예를 들어 유치원에서 장난감 하나로 친구와 다툼이 일어났을 때 무엇이 문제였는지, 어떤 기분이 들었는지, 왜 그렇게 행동했는지, 그럴 때 어떻게 하는 게 좋은 방법이라고 생각하는지, 같은 상황이 또 생긴다면 어떻게 할 것인지 등 아이의 의견을 묻고, 그 말에 엄마의 생각을 덧붙이는 대화 자체가 토론이다. 이렇게 서로의 생각을 나누는 사이 감정적이기만 하던 아이는 상황에 대해 객관적으로 판단하는 능력이 생기고, 올바른 행동에 대한 가치까지 배우게 된다. 토론 활동을 통해 내적 성장이 일어나는 것이다.

초등학교에 막 입학해 급격한 환경 변화로 힘들어하는 아이에게도 엄마표 토론이 필요한 문제 상황은 수없이 생길 수 있다. 아이가 어릴 때는 토론 주제를 멀리서 찾을 필요가 없다. 아이 주변에서 발생하는 문제를 해결하기 위한 엄마의 질문과 의견 교류 정도면 충분하다. 그렇게 문제(논제)에 대해 생각해 보고 의견을 표출하는 것이 자유로워지면 점차 아이의 연령대에 맞는 주제로 확장해 나가면 된다. '우리 그 문제에 관해서 얘기해 볼까?' 혹은 '토론해 볼까?' 하는 상황 전환용 멘트 같은 것도 필요치 않다. 자연스럽게 대화하듯 서로의 같고 다른 생각들을 펼쳐 놓다 보면 아이는 의식하지 못하는 사이에 토론에 익숙해진다.

아이의 성향을 고려한 맞춤형 토론

시중에 나와 있는 토론 교재를 보면 약간의 구성 차이만 있을 뿐 대부분 비슷한 논제들을 다루고 있다. 학습 대상이 되는 아이들(주로 청소년) 세대가 관심을 가질 만한 주제와 생각해 보면 좋을 문제들, 또는 시대적 현안과 관련된 이슈들을 다루다 보니 생기는 결과다. 학원에서 하는 토론도 비슷한 맥락에서 이루어지고 있을 가능성이 크다. 필요에 따른 주제 선별은 당연한 일이지만, 그러다 보니 아이들 각각의 관심사를 반영하기가 쉽지 않다.

그러나 엄마가 토론 주제를 고르면 상황은 많이 달라진다. 아이의 성장 속도를 따라가며 내 아이가 지금 꽂혀 있는 분야, 흥미를 느끼는 이슈, 나아가 엄마 입장에서 이 문제에 대해 한 번쯤 생각해 볼 기회를 주고 싶다고 판단한 문제까지 '내 아이에게 꼭 맞춘' 주제들을 제시할 수 있다. 자기가 좋아하는 주제에 관해 이야기할 때 아이들의 토론 활동은 훨씬 활발해진다. 재미와 흥미가 토론을 거드는 것이다.

관심사에 따라 주제를 선택하는 일도 그렇지민 아이의 싱향까지 고려할 수 있다는 점도 엄마표 토론이 가진 최고의 장점이다. 어떤 아이는 말하기를 좋아하고, 또 어떤 아이는 전혀 그렇지 않다. 하지만 사교육 현장에선 아이마다 다른 성향을 세심하게 고려하긴 어렵다. 말을 더 많이 하고 싶은 아이는 '공평한 발언 기회' 규칙으로 인해 충분히 말하지 못하는 상황이 실망스러울 것이고, 별로 말하고 싶지 않은 아이는 억지로 해야만 하는 상황에 더 움츠러들 것이다. 그리고 이런 경험이 반복된다면 토론 자체를 즐거운 것으로 받아들이기 어려워진다. 설령 1 대 1 맞춤 교육이라 해도 아이의 속도보다는 지도하는 교사의 목표에 따를 확률이 높다. 사교육의 특성상 부모에게 좋은 성과를 보여줘야 하기 때문이다.

엄마는 이 모든 부담으로부터 자유롭다. 내 아이 성향에 따라 말을 충분히 하도록 발언 기회를 더 줄 수도 있고, 말이 없는 아이를 진득하게 기다려 주면서 한 발 한 발 천천히 나아갈 수도 있다.

아이와 토론을 하다 보면 아이가 어떤 생각을 하는지, 상대방의 말을 어떤 태도로 듣는지, 불리한 상황에서 어떻게 순발력을 발휘하는지 등 수시로 아이를 파악하고 들여다볼 기회가 생긴다. 그 과정에서 '아, 어떻게 이런 말을 할까?' '이런 가치관을 갖고 있구나' '이런 시각도 가능하구나' 하는 아이에 대한 감탄과 새로운 발견은 엄마표 토론이 주는 또 하나의 즐거움이다. 학원이나 교습소에 아이를 맡겨 놓고 아이의 발전이나 장단점을 '교사의 입'을 통해 전해 듣는 것과는 하늘과 땅 차이다.

토론 활동을 함께 하면서 엄마만 아이를 잘 이해하게 되는 건 아니다. 아이도 엄마를 더 깊이 이해하고 신뢰하게 된다. 칭찬과 격려, 공감과 이해 등 아이를 대하는 엄마의 태도에서 따뜻한 애정을 깨닫는 동시에 강한 믿음을 갖게 되는 것이다. 관계는 이해를 바탕으로 한다. 대화만큼 상대의 마음을 알고 이해하는 소통 방법은 없다. 그런 의미에서 엄마표 토론은 학습이 아니라 주제를 두고 나누는 깊은 대화라고 할 수 있다. 그리고 이런 깊은 대화가 일상에서 수시로 이루어진다면, 나중에 갈등이 불거지는 시기가 찾아온다 해도 별로 걱정할 게 없다. 이미 숱한 대화 경험으로 언제든 마주 앉아 이야기를 나누면서 문제를 해결할 수 있기 때문이다.

줏대 있는 부모로 성장시키는 토론

아이와의 토론 수업은 나만의 교육관을 확립하고, 이를 실천 가능하게 만들어준다. 대단히 거창하게 들리겠지만, 풀어서 말하면 '내 아이를 어떻게 키울 것인가' 하는 끊임없는 고민의 답을 찾아갈 기회를 제공한다는 뜻이다.

부모들은 매 순간, 그 당시 고민이 지상최대의 난제인 것처럼 반응한다. 어릴 때는 돌봄 문제로 고민하다가 아이가 초등학교에 입학하는 순간 세상에서 나보다 더 고민과 걱정이 많은 사람은 없는 것 같은 혼돈 상태에 빠진다. 그런데 이 혼돈은 아이가 중학생이 되고, 고등학생이 되어서도 마찬가지다.

초등학교 입학은 본격적인 교육이 시작되는 시기라서, 중학교 입학은 본격적인 공부를 해야 할 시기라서, 고등학교 입학은 본격적인 입시를 준비해야 하는 시기라서 고민이다. 어느 한때 수월한 시기가 없다 보니 엄마들은 언제나 힘들고 지친다. '초등학교는 진짜 일도 아니었어' '중학교는 시작에 불과해'라는 뒤늦은 깨달음은 이미 그 시기를 다 겪고 난 후에나 찾아오는 법. 그 당시에는 남들이 아무리 말해줘도 귀에 들어오지 않는다.

그러나 시기를 떠나 정작 '본격적'이어야 할 것은 따로 있으니 '내 아이를 어떻게 키울 것인가' 하는 고민이 바로 그것이다. 사교육을 시키더라도 엄마에게 명확한 주관과 가치관이 있다면, 가끔 방향을 잃고 흔들리더라도 일관된 교육 방향을 유지할 수 있다. 정해 놓은 원칙이 흔들리는 건 미래를 향한 막연한 불안함과 조급함 때문이다. 하지만 냉정히 생각해 보라. 성적표의 등수나 시험 점수가 아이의 미래를 좌우할 것 같지만, 길게 보면 절대 그렇지 않다. 대학은 '미래'가 아니다. 원하는 미래로 가기 위한 과정일 뿐이다. 그 과정이 중요하지 않다는 말이 아니라 그 과정을 최종 목표로 두는 방향 자체가 잘못됐다는 의미다.

토론 활동을 하는 동안 아이는 사고력과 순발력을 키우고, 문제 해결 능력도 키우고, 세상을 보는 올바른 시각과 자기만의 온전한 가치관을 형성하며, 깊이 사고할 줄 아는 성숙한 개인으로 점점 성장해간다. 그런 아이를 옆에서 온전히 바라보고 함께하는 엄마라면 '내 아이를 어떻게 키울 것인가'에 대한 답을 찾기 쉬워진다. 더 훌륭한 가치, 먼 미래를 위해 아이가 어떤 공부를 해야 하는지, 어떤 면모를 갖추어야 하는지가 선명하게 드러나기 때문이다.

지금껏 엄마표 토론의 장점을 다섯 가지로 정리했지만, 각자 하기에 따라 더 많은 장점과 놀라운 효과를 경험하게 될 것이다. 그리고 이런 경험을 무수히 겪은 내가 내린 결론은 하나다. 사교육은 결코 엄마표 토론을 따라올 수 없다는 사실이다.

2장

엄마표 토론
실전을 위한 준비

무엇으로
토론할 것인가

아이와 토론을 같이 묶었을 때 생각나는 가장 흔한 형태는 독서 토론이다. 접근하기도 쉽고, 자녀 교육의 최대 목표 중 하나인 '독서'를 동시에 해결할 수 있다는 장점 때문에 가장 환영받는다. 독서를 즐기는 아이라면 단지 책을 읽는 것을 넘어 사고 활동까지 할 수 있으니 좋고, 독서를 좋아하지 않는 아이라면 토론을 핑계 삼아 책을 읽게 할 수 있으니 이보다 더 좋을 수는 없다.

아닌 게 아니라 독서토론의 장점은 이루 다 헤아릴 수 없다. 독서를 통한 지식의 축적, 상상력의 확장은 물론이고, 어휘력과 표현력도 풍부해진다. 그뿐이랴, 요즘 엄마들 사이 최대의 화두인 '문해력'을 기르는 데도 독서만한 것이 없다. 대체로 책을 많이 읽는 아이들의 사고가 깊은 것을 보면 독서는 '생각하는 힘'도 길러주는 게 틀림없다.

여기에 독서를 기반으로 한 토론 활동까지 더해지면 사고력은 날개를 단다. 책 속에서 생각해 볼 만한 다양한 문제를 찾아내고, 질문을 만들어내고, 구체화된 자신의 생각과 의견을 발표하고 나누는 동안 비판력, 논리력, 문제해결 능력이 강화된다. 훌륭한 대화 태도와 자세 습득은 덤이다. 아울러 책을 정독하는 좋은 습관도 들일 수 있고, 특정 장르로 편향된 독서를 보다 다양한 범주로 확장하는 계기가 될 수도 있다. 책을 더 좋아하는 아이로 자라게 할 수 있는 것이다.

장점 많은 독서토론, '엄마표'로는 쉽지 않은 이유

이렇듯 '잘만 된다면' 독서토론은 토론 활동에서 지향해야 할 지점이다. 문제는 엄마표 토론을 할 때 '잘만 된다면'이란 조건을 충족하기 어렵다는 것이다. 특히 경험이 부족한 엄마들 입장에선 더 그렇다.

일단 책을 읽어야 한다는 그 자체로 부담이다. 책 읽는 습관이 들어있지 않은 경우는 말할 것도 없고, 독서가 익숙한 경우라도 마음이 가볍지 않다. 그냥 읽는 것과 토론을 위한 읽기는 본질적으로 다르게 다가오기 때문이다. 단순히 읽는 행위를 넘어 토론 활동을 통해 논의가 필요한 문제들, 아이의 흥미를 불러일으키고 생각을 깨우기 위한 다양한 질문들, 나아가 더 고민해 보면 좋을 문제까지 '찾아내면서' 읽어야 한다는 부담감이 작용하는 탓이다. 책이 두꺼우면 두꺼운 대로 완독 자체가 힘들고, 볼륨이 적고 내용이 쉬운 책이라도 토론이 연계되는 순간 전혀 만만치 않다.

엄마가 이렇다면 당연히 아이도 같은 감정을 느끼기 쉽다. 갑자기 독서가 '공부의 수단'처럼 여겨지고, 시간 내에 책을 완독해야 한다는 부담감이 겹쳐져 책 읽기의 즐거움마저 반감될 수 있다. 한마디로 독서토론은 양날의 검이다. '잘하면' 책에 관심 없던 아이를 책을 좋아하는 아이로 만들 수 있지만, '잘못하면' 책을 좋아하던 아이의 손에서 책을 내려놓게 만들 수도 있기 때문이다.

어떤 책을 읽을 것인가 하는 선택의 문제, 그리고 아이에게 던질 질문과 토론할 주제를 뽑는 것도 초보자인 엄마에겐 어렵기만 하다. 학년별 필독서 리스트와 시중에 나와 있는 독서토론 교재를 십분 활용하면 도움이 되긴 하지만, 모두 같은 책을 읽고 같은 문제를 생각한다는 건 '또 하나의 문제집'과 다를 바 없다. 게다가 '내 아이의 성향을 고려한 맞춤형 토론'이라는 엄마표만의 장점도 퇴색된다. 권말에 붙어 있는 '아이와 나누어 볼 이야기'나 '생각해 볼 거리' 그리고 토론 교재에 나와 있는 예시 질문들을 가이드 삼아 아이의 흥미와 성향에 맞는 토론을 진행하면 더없이 좋은데, 현실은 그것들을 따라가기도 급급하다.

토론 초보자인 엄마들에게 여러모로 난감함을 선사하는 독서토론, 그렇다고 두 손 들고 항복하기에는 장점이 너무나 많다. 그럼 포기하지 않고 독서토론을 계속할 수 있는 방법은 무엇일까? 아주 간단하다. 앞에서 열거한 모든 부담을 다 내려놓는 것이다. 어떤 책이 '토론용'으로 적합한가 고민하지 말고, 그냥 아이가 좋아하는 책이나 아이와 함께 읽고 싶은 책을 고르면 된다. 학년별 필독서나 추천도서에 얽매일 필요도 없다. 이제 막 토론에 입문한 상황이라면 두께가 얇고 쉬운 내용의 동화책이나 이미 아는 이야기를 가지고 서로의 생각을 나누는 식으로 토론의 재미를 키워나가는 것이 바람직하다.

토론 주제에 대한 부담감도 내려놓아야 한다. 독서토론은 정답을 찾는 활동이 아니다. 하브루타 교육이 그러하듯이 책을 매개로 질문하고, 생각하고, 이야기를 나누는 것이 엄마표 독서토론의 출발점이 되어야 한다.

개인적으로 추천하는 방법은 책을 읽을 때 아이와 엄마가 따로 읽지 않고, 함께 읽는 것이다. 글이 적은 그림책이나 짧은 우화 한 편에도 수많은 생각거리가 존재한다. 책장을 넘기면서 그때그때 떠오르는 질문이나 감상을 나누면 엄마로서는 '미리 준비해야 한다'는 부담을 어느 정도 덜 수 있다. 아이도 토론 준비로 책을 읽는다는 의무감에서 벗어나 독서토론을 엄마랑 나누는 책대화로 인식하기 때문에 그 효과는 배가된다.

동화책을 사랑하는 나는 지금도 가끔 아이와 함께 책을 읽고 토론을 한다. 미리 읽어봤던 책 중에 아이와 이야기를 나누면 좋겠다 싶은 책을 기억해 두었다가 함께 읽고 대화하는 식이다. 얼마 전 《무릎딱지》라는 그림책으로 아이와 나눈 대화도 기억에 남는 토론 중에 하나다. "엄마가 오늘 아침에 죽었다."로 시작하는 그 책은 읽는 내내 생각이 꼬리에 꼬리를 물게 했고, 아이와 나는 서로 자유롭게 질문하고 대답하며 그 어떤 토론보다 풍부한 대화를 나눴다. 주인공 아이가 받아들여야 하는 엄마의 죽음, 가까운 이의 죽음에 슬퍼하는 저마다의 방식, 죽음이라는 본질에 대한 문제, 다소 직설적인 표현과 강렬한 빨간색을 주로 사용한 작가의 의도까지 미리 준비하지 않았기에 더 즐겁게 몰입할 수 있었던 시간이었다.

말 한마디, 질문 하나로 토론은 시작된다

아이와 하는 토론 수업이라고 하면, 열에 아홉은 독서토론을 떠올린다. 그러나 굳이 책을 읽지 않아도 토론을 위한 소재는 우리 주변에 넘쳐난다. 찬반이 극명하게 갈리는 주제라든가, 문제의식이 명확한 주제라든가, 깊이 있는 사고를 가능케 하는 심오한 주제를 다뤄야 한다는 편견에서만 벗어나면 말이다.

그리고 솔직히 말하자면 엄마표 토론에서 치열한 논쟁이 벌어질 법한 주제를 다루는 것 자체가 쉬운 일이 아니다. 3년 넘게 엄마표 토론을 해온 나의 경험에 비추어볼 때 꽤 오랜 시간 꾸준히 토론 활동을 한 뒤에야 기대해 볼 만한 일이다. 그러니 처음부터 열띤 논쟁이 가능한 토론 주제를 선택하기 위해 머리를 싸맬 필요가 없다. 한마디의 말, 하나의 질문으로도 토론은 충분히 가능하다.

아이와 대화할 마음의 자세가 되어 있다면, 질문을 던질 준비가 되어 있다면, 아이의 생각과 의견이 궁금하다는 물음표가 머릿속에 떠올랐다면 그 매개가 무엇이냐는 전혀 중요하지 않다.

지난겨울 아이와 함께 영화를 보러 갔을 때 있었던 일이다. 스파이더맨 시리즈의 가장 최근작인 〈스파이더맨: 노 웨이 홈〉을 봤는데, 영화 내용을 짧게 설명하면 이렇다. 정체가 들통나 평범한 일상이 불가능해진 주인공 피터 파커는 닥터 스트레인지를 찾아가 도움을 요청한다. 비교적 순조롭게 문제가 해결될 수 있었던 상황은 피터가 '어떤 이유에 의한 판단'으로 닥터 스트레인지를 방해하면서 물거품이 되고, 그로 인해 다른 차원에서 온 적들의 공격에 위기를 맞게 된다는 이야기다.

사건이 복잡하게 꼬이고, 위기 상황이 발생해야만 비로소 히어

로물다운 스토리라인이라 할 수 있겠으나, 영화적 상황을 무시하고 현실적으로 따졌을 때 결국 최악의 사태를 만들어낸 주인공의 선택이 도무지 이해되지 않았다. 영화를 보는 내내 물음표가 가득한 나와 달리 옆에서 영화에 푹 빠져 재미있게 보고 있는 아이를 보며, 이런 감정은 어른만 느낄 수 있는 것인지도 모르겠다는 생각이 들었다. 영화가 끝나고 집으로 돌아와 영화에 대한 서로의 생각과 감상을 주고받았다. 난 아이에게 영화를 보면서 느꼈던 다소 불편한 감정에 대해 이야기했고, 아이의 생각을 물었다. 아이는 '엄마 생각도 맞긴 하지만, 그렇게 되면 영화 자체가 만들어지지 않을 것'이라고 말하면서 '영화는 영화로 봐야 한다'는 합리적인 결론을 내놓았다. 이렇게 한 편의 영화를 보고 재미있다, 슬프다 같은 간단한 감상을 넘어 아이와 서로 무엇을 느꼈는지, 어떤 생각이 들었는지 공유하는 것도 좋은 이야깃거리가 된다.

한편으로 생각지도 않았는데 아주 뜻밖의 상황에서 토론이 벌어지기도 한다. 언젠가 TV 채널을 돌리다가 우연히 〈뽀로로와 친구들〉을 본 적이 있다. 어린 시절 아이가 열광했던 추억의 애니메이션이 너무 반가워 채널을 돌리는 것도 잊고, 아이와 함께 잠시 뽀로로를 봤다. 마침 에디가 인공 태양을 발명해 집 앞에 눈을 녹이고 선베드에 누워 일광욕을 즐기는 모습을 본 다른 친구들이 찾아와 자기 집 앞에 쌓인 눈도 좀 녹여달라며 부탁하는 장면이 나오고 있었다. 그 모습을 보다가 나도 모르게 "아, 저러면 안 되는데!"
라는 탄식이 흘러나왔다. 그리고 이 말을 시작으로 나와 아이의 주
고받기식 토론이 시작되었다.

아니, 겨울에는 눈이 있어야지! 저렇게 계절을 마음대로
바꾸면 안 되는 거야.

그렇긴 하지. 근데 인공 태양이 생긴다면 좋은 점도 있어.
눈이 많이 쌓였을 때 인공 태양으로 녹이면 피해를 줄일
수 있잖아.

물론 눈 피해 사고를 줄여주거나 사람들의 삶을 더 안전하
게 만들어줄 수도 있겠지. 그렇다고 해도 나는 자연의 법
칙을 거스르는 건 아니라고 생각해. 모든 과학 발전이 사
람들의 삶을 편하게 하고 세상을 변화시키는 방향으로 가
고 있는데, 그게 다 좋다고 할 수는 없을 것 같아. 인간은
편할지 몰라도 지구는 너무 빠르게 발전하는 게 못마땅하
지 않을까? 그런 농담도 있다고 하잖아. 지구가 이렇게 말
한대. '공룡이 살았던 시대가 더 좋았어!'라고 말이야.

과학의 발전이 신기하고 대단하긴 하지만 나도 너무 빠르
게 변화하는 건 좀 반대야. 그런데 나중에 인공 태양을 만
드는 게 진짜 가능할까?

글쎄, 어렵지 않을까? 태양열 온도가 얼마나 높은데! 불가능할 것 같아.

아이와의 대화는 이렇게 흘러가다가 결국 '에디는 대단해' '뽀로로 정말 재밌어' '상상력 좋다'는 식으로 마무리되었다. 작정하고 한 수업이 아니었으므로 흥미를 충족하는 수준에서 대화가 마무리되었지만, 하기에 따라서 얼마든지 확장될 수 있는 소재였다. 아이가 어릴 때였다면 같은 장면을 두고도 우리의 대화 내용은 사뭇 달라졌을 것이다. 만화 속 장면처럼 겨울과 겨울이 공존한다면 어떤 모습으로 생활할지 상상해 보거나, 인공 태양의 또 다른 쓰임새를 이야기하며 좋은 점과 나쁜 점을 비교해 보거나, '태양이 두 개라면 어떤 일이 벌어질까?'와 같은 질문의 답을 찾아보거나, 더 나아가 인공 태양 같은 놀라운 발명품 아이디어를 말해 보는 시간을 가졌을 것이다.

초등 3학년 이후 토론 활동이 절대 중요한 이유

결론부터 말하면 우리 주변에 있는 모든 것이 토론의 소재가 된다. 다만 그 순간을 포착하는 엄마의 촉이 중요할 뿐이다. 그림책, 평소 즐겨보는 애니메이션이나 TV 프로그램, 다양한 영상 콘텐츠

그리고 아이와 관련된 일상 속 수많은 에피소드까지 모두 토론거리가 될 수 있다. 이를테면 유치원에서 친구와 싸웠을 때나 사교육 활동을 선택할 때도 토론의 과정을 거치는 것이다. 사고력이 요구되는 토론거리는 생각하는 힘을 길러줄 수 있어 좋고, 자기 자신에 관한 일을 결정할 땐 판단력을 키워줄뿐더러 자기 의견이 반영되는 것을 보며 주체적인 존재로 자랄 수 있다.

아이가 초등학교 3학년 이상이면 토론 상황은 더 풍성해진다. 앞에서 언급한 텍스트와 영상을 기반으로 한 콘텐츠의 범위가 한층 넓어질 뿐만 아니라 토론 형식을 빌려 의견 교류가 필요한 상황이 훨씬 많아지기 때문이다. 공부 문제부터 가족, 친구, 선생님 등 아이 주변의 기본적인 인간관계 문제, 인품이나 인격 형성과 연관되는 문제, 그리고 가까운 미래 혹은 먼 장래에 관한 계획에 이르기까지 양방향으로 소통해야 할 일들이 차고 넘친다.

특히 이때를 기점으로 점점 자기 의견이 강해지기 때문에 토론을 통한 합리적 대화와 설득을 거쳐 문제를 해결하고 결론을 도출해내는 경험을 하는 것은 대단히 중요하다. 이러한 경험이 쌓이면 기본적인 태도 형성에도 영향을 미치는데, 몸이 자라는 만큼 내면까지 성숙한 사람으로 자라게 된다.

토론 활동을 시작하는 시기는 이를수록 좋지만, 초등 3학년을 기점으로 절대적으로 중요해지는 이유는 다음 두 가지다. 하나는 공부와 공부 외적인 면에서 기본적인 틀이 형성되는 시기라는 점이고, 또 하나는 부모와의 관계를 어떤 형태로 유지할 것인지 결정되는 시기라는 점이다. 특히 후자의 경우 이 시기를 놓치게 되면 호미로 막을 일을 가래로 막는 상황이 벌어질 수도 있다. 이 시기에 부모와 의견을 주고받는 양방향 소통이 일상 속에 정착되지 않는다면, 고학년을 지나 중학생이 된 다음에는 소통 자체가 더 어려워지기 때문에 사춘기로 가면서 관계가 단절되기 쉽다.

초등 3학년 이상인 아이와 토론할 때 주의할 것은 텍스트나 영상 콘텐츠 자료를 선택할 때 엄마의 개입을 최소화하는 것이다. 물론 일차적으로 아이에게 적합한 주제를 선택하는 것이 좋겠지만 '이건 이래서 안 돼' '저건 저래서 안 돼' 하는 식으로 엄마의 시각에서 전적으로 판단해서는 안 된다. 관점에 따라 같은 콘텐츠라도 누군가에겐 좋은 콘텐츠일 수 있고, 반대로 그렇지 않을 수도 있기 때문이다.

《백설공주》나 《신데렐라》 같은 클래식한 동화도 보기에 따라서는 편향적인 콘텐츠라는 비판을 받을 수도 있다. 아닌 게 아니라 내 주변에도 디즈니 애니메이션에서 보여주는 특정 '시각'을 문제 삼아 아이들에게 보여주기 꺼려진다는 엄마들이 있다. 그러나 개인적으론 콘텐츠에 약간 문제가 있다 해도 같이 보고, 꺼림칙한 부분에 대해 아이와 터놓고 이야기하는 것이 더 좋다고 생각한다.

아이들은 자라는데 언제까지나 엄마가 미리 차단하거나 선별하는 식으로 아이의 경험을 제한할 수는 없다. 오히려 아이 스스로 콘텐츠를 대하는 바른 태도와 좋은 콘텐츠를 고를 수 있는 판단력을 길러주는 것이야말로 긴 안목으로 봤을 때 최고의 교육이다.

뉴스토론에
주목하는 이유

내가 아이와 토론 수업용으로 선택한 교재는 뉴스다. 보통은 텍스트 기반의 뉴스 콘텐츠를 선택하지만, 가끔은 영상 뉴스를 고르기도 한다. 사안에 따라 어떤 것이 더 전달력이 있는지 살펴본 뒤 주요 토론 자료로 선택한다. 그리고 효과적인 수업을 위해 둘 중 하나를 보조 콘텐츠로 활용하기도 한다.

최근 수업한 '전장연(전국장애인차별철폐연대)의 장애인 이동권을 위한 지하철 승하차 시위를 둘러싼 찬반 갈등'을 다룬 토론이 대표적인 예이다. 그날 준비한 자료는 전장연의 시위를 두고 정치권에서 어떤 찬반 논쟁이 있는지, 시민들의 반응은 어떤지 등을 종합한 텍스트 뉴스였다. 그리고 토론이 끝난 뒤 아이들과 한 편의 영상 뉴스를 함께 시청했다. 한 기자가 직접 휠체어를 타고 지하철로 이동해 보는 체험형 뉴스였는데, 수많은 난관에 부닥치며 한 정거장을 이동하는 데 무려 1시간 30분이나 걸리는 현실을 담은 영상이었다. 아이들은 그 뉴스를 보며 장애인들이 대중교통을 이용할 때 얼마나 불편한가를 간접 체험할 수 있었다.

대체로 텍스트 뉴스가 더 자세한 정보를 담고 있지만, 간혹 한 편의 영상이 수많은 언어보다 강렬한 순간이 있다. 이날의 수업이 그러했다. 아이들은 기사 속에 수없이 등장하는 장애인 이동권 현실에 대해 직접 눈으로 확인하는 동안 표정으로 이미 많은 말을 하고 있었고, 수업을 마무리하면서는 '너무 좋은 수업'이었다며 만족감을 드러냈다.

그날의 수업 이야기를 좀 더 하자면, 보통 1시간 정도 하는 토론 시간이 1시간 30분을 훌쩍 넘어갔을 정도로 많은 이야기가 오고 갔다. 사안 자체에 대한 찬반 토론을 비롯해 장애가 있는 친구 혹은 이웃과 교류해 본 경험담, 해외 사례, 어린이와 어른들의 사고방식 차이, 인식을 바꾸기 위해 이뤄져야 할 교육에 이르기까지 분야를 가리지 않고 다양한 논의가 이뤄졌다. 그뿐만 아니라 기사에 등장하는 젊은 정당 대표들의 상반된 발언을 살펴보면서 우리가 예전에 했던 토론을 다시 소환해 '젊은 정치인들을 바라보는 다양한 시각'에 대해서도 한 번 더 이야기해 보는 시간을 가졌다.

3년 넘게 뉴스토론을 하고 얻은 결론

처음 아이와 정식으로 토론 수업을 하기로 마음먹었을 때 나 역시 별 고민 없이 독서토론을 선택했다. 그런데 막상 시작하고 보니 생각만큼 진행이 쉽지 않았다. 여기에는 몇 가지 이유가 있었는데 책 읽기를 좋아하는 아이임에도 불구하고 토론 수업을 위한 독서는 과제처럼 받아들였다. 어느 정도의 긴장감과 부담감은 수업에 긍정적 요인으로 작용하기에 그 부분은 문제 삼지 않는다고 하더라도 다른 문제가 있었으니, 바로 토론을 이끌어가야 할 나 스스로가 크게 재미를 느끼지 못한다는 점이었다. 성향의 문제일 수도 있겠지만, 개인적으로 책에서는 토론을 위한 질문거리들을 다양하게 뽑아내기가 어려웠다. 시중에 나와 있는 독서토론 교재들을 참고해도 또 하나의 서술형 문제집을 풀고 있는 느낌을 받았다. 즐거운 대화, 다양한 생각을 나누기 위한 수단이 아니라 '공부'를 위한 장치로 여겨졌다고 할까.

몇 차례 수업을 진행하며 같은 고민을 계속하던 끝에 깨닫게 된 사실이 있으니, 바로 학습 제공자인 엄마가 즐겁지 않은 수업은 아이에게도 즐거울 리 없다는 것이었다. 더 노력하고 공부하다 보면 조금씩 익숙해지고 발전할 수도 있겠지만, 과연 내가 그렇게 되기까지 독서토론을 계속해 나갈 수 있을 것인가 하는 의문이 강하게 들었다. 학습에 있어 가장 중요한 포인트라고 생각하는 자발성과 흥미라는 차원에서 봤을 때도 '즐겁지 않은 수업'은 빨리 극복해야 할 과제였다.

어떻게 하면 아이와 엄마가 둘 다 즐거운 토론 수업을 할 수 있을까 고민했는데, 의외로 답은 아주 쉬운 곳에 있었다. 매일 뉴스 읽기를 습관처럼 하는 나는 그날 인상 깊었던 뉴스를 아이와 공유하며 짧게라도 대화하는 습관이 있다. 그냥 대화라고 생각했는데, 돌이켜보니 그것이 바로 토론이었던 것. 즉 나는 5분짜리, 10분짜리 토론을 매일같이 해오고 있었던 셈이다. 엄마 아빠가 둘 다 기자인 환경에서 자라서 아이 역시 뉴스에 친숙하다는 점도 장점으로 작용했다. 결과적으로 독서토론의 대안으로 찾은 뉴스토론이 아이와 나에겐 잘 맞는 맞춤옷 같은 수업 형태였던 것이다.

토론 수업 초창기에는 아이의 나이에 맞는 주제, 아이가 흥미를 보이거나 관심을 가질 만한 기사를 자료로 준비했고, 아이가 자라면서는 국내외를 넘나드는 사회 이슈나 논란이 되는 사안들, 한 번쯤은 꼭 생각해 봐야 할 문제 등을 다루면서 보다 진지한 접근이 필요한 주제를 다루는 쪽으로 진화했다.

엄마표 토론 수업이 이제 만 3년을 넘겨 4년 차에 이르다 보니 확실히 아이의 관심사가 다양해지고 생각의 깊이가 달라지는 것이 눈에 보인다. 어떤 주제든 상대가 누구든 자기 의견을 밝히는 것을 주저하지 않으며, 기꺼이 토론하기를 즐기는 아이로 성장하고 있음을 매 순간 느낀다. 요즘엔 세상 돌아가는 일에도 관심이 많아 어떤 이슈든 엄마 아빠와 함께 이야기를 나누고 싶어 하고, 자기가 먼저 질문을 던질 때도 많다. 아이의 시각과 관점에서 내놓는 의견이나 해결책은 어른인 나를 부끄럽게 만들 때도 있고, 배울 점을 발견할 때도 있다. 토론 수업을 하며 아이도 나도 함께 성장하고 있는 것이다.

앞에서 예로 든 '장애인 이동권을 위한 지하철 시위'를 다룬 토론에서도 아이들은 '장애인과 비장애인이 다 함께 어울려 사는 평등한 세상을 만들기 위해 어떤 노력이 필요할까?'라는 마지막 의견 나눔 질문에서도 다음과 같은 발언으로 어른인 나에게 생각할 거리를 던져주었다.

"사람들의 의식을 바꾸는 교육이 중요한데, 어른들을 바꾸기는 쉽지 않을 것 같아요. 오랫동안 그런(장애인과 비장애인을 평등하게 생각하지 않는) 방식으로 살아왔으니까요. 그래서 어린이들이 중요한 것 같아요. 어린이들에게 올바른 의식을 길러준다면 그 아이들이 자라 어른이 됐을 때 세상은 많이 달라져 있지 않을까요?"

뉴스를 통해 자기 세계를 뛰어넘는 아이들

개인적으로 뉴스만큼 좋은 토론 교재가 없다고 생각하는 데는 내가 잘 아는 영역이고 잘할 수 있는 분야라는 사적인 이유 외에 토론의 한 매개로 객관적인 장점이 많다는 이유도 있다.

우선 뉴스토론은 내 아이에게 최적화된 토론 주제 찾기가 수월하다. 뉴스는 아주 사소한 것부터 심오한 분야까지 세상에서 일어날 수 있는 거의 모든 일을 다루고 있다. 많은 언론사가 매일 매일 새로운 뉴스들을 쏟아내고 있고, 검색만 하면 과거 자료들까지 앉은 자리에서 찾아볼 수 있으니 아이의 흥미와 관심사, 호기심을 고려한 토론용 토픽을 찾아내는 일은 그리 어렵지 않다. 만약 아이가 동물에 관심이 많다면 당장 유기견이나 유기묘에 관한 뉴스를 검색해서 그와 관련해 다양한 이야기를 나눠볼 수 있다.

또 한 가지 좋은 점은 아이에게 조언하고 싶지만 잔소리처럼 들릴까 봐 조심스러운 말, 아이가 고민해 보면 좋을 주제 등을 의도적으로 선택해 자연스럽게 의견을 나누는 기회로 활용할 수 있다는 것이다. 예를 들어 스마트폰 사용 문제로 아이와 갈등이 있는 경우 과도한 미디어 노출이 끼치는 부정적 영향에 대한 뉴스를 토론 자료로 준비해 이야기를 나눠보는 식이다. 자꾸 새로운 물건을 사달라고 조르는 아이라면 환경 이슈와 연결해 일회용품 사용이나 불필요한 물건 소비를 줄이는 문제를 논의해 보는 것도 좋다.

다양한 정보를 손쉽게 얻을 수 있다는 것도 뉴스토론이 가진 장점 중 하나다. 기자들은 한 편의 기사를 작성하기 위해 취재를 하고 정보를 모으고 또 확인하는 절차를 거친다. 우리가 직접 찾아내려면 엄청난 공을 들여야 하는 부분들이 비교적 간단하게 해결되는 셈이니 지식을 축적하는 수단으로 좋은 매개체가 된다.

뉴스토론은 아이의 세계를 확장되는 데도 큰 도움이 된다. 아이들은 자신의 나이에 맞춰 세상의 크기가 다르다. 일곱 살에게는 일곱 살의 세상이, 열두 살에게는 열두 살의 세상이 전부다. 현실 세계의 경험치가 나이로 제한되기 때문이다. 물론 독서를 통해 상상력의 세계, 의식의 세계는 넓어질 수 있지만, 우리가 사는 세상에서 일어나는 일들에 대한 경험은 제한적일 수밖에 없다. 알다시피 뉴스는 세상을 보는 창이다. 아이들은 뉴스를 통해 직접 겪는 것 이상의 더 크고 넓은 세상을 알게 되고 이해하게 된다. 국내외에서 어떤 일들이 벌어지는지, 또래 집단에는 어떤 이슈가 있는지, 한 가지 사안에 얼마나 다양한 생각과 시각이 존재하는지를 배우면서 점점 성숙한 인격체로 자라게 된다.

공감 능력을 높여주는 것도 뉴스토론이 가진 또 하나의 장점이다. 요즘 아이들은 공감 능력이 현저히 부족해 문제라는 말들을 많이 한다. 그도 그럴 것이 형제 없이 혼자 자라면서 상대를 이해하려고 노력한 경험이 거의 없기 때문이다. 미래에 가장 필요한 능력이 소통과 공감이라는데, 어떻게 하면 아이의 공감 능력을 키울 수 있을지 고민이라면 뉴스토론이 답이다. 뉴스를 통해 넓은 세상을 간접 경험하며 사회 이슈에 대해 고민하다 보면 나 자신과 타인에 대한 이해가 점점 깊어지기 때문이다. 특히 일방적으로 듣고 잊어 버리기 쉬운 주입식 수업과 달리 토론 활동은 그 자체가 살아있는 공부가 된다.

또한 세상을 보는 자신만의 관점이 생기면서 바른 가치관을 확립하는 데도 도움을 준다. 관점이나 가치관은 교과서나 공부를 통해 가르칠 수 있는 게 아니다. 부모가 일방적으로 주입할 수도 없다. 아이 스스로 수많은 상황을 접하고 고민하는 과정을 거치면서 스스로 만들어가야 하는 부분이다. 뉴스를 통한 다양한 세상 경험, 그리고 토론을 통한 생각 활동을 통해 아이는 '나는 이런 사람'이라는 중심을 잡아간다. 가치관 형성 문제가 대단히 중요한 이유는 그 자체가 아이의 '퍼스널리티(personality)'가 되기 때문이다. 존재의 고유성으로 풀이될 수 있는 퍼스널리티의 중요성은 두말하면 잔소리다. 모든 아이는 세상에 단 하나뿐인 고유한 존재로 태어나지만, 자라는 과정에서 그 고유성이 독보적으로 발전하기도 하고, 때로는 발현되지 못한 채로 그대로 묻히기도 한다. 공부를 잘하는가, 똑똑한가, 능력이 있는가는 퍼스널리티의 본질이 아니다. 어떻게 행동하고 느끼고 생각하는지가 그 사람의 퍼스널리티이다.

이 밖에도 뉴스토론은 아이들의 독서 부담을 덜어주고, 읽기 능력을 향상시켜 준다는 장점이 있다. 뉴스는 책에 비해 텍스트의 길이가 짧은 편이다. 그러다 보니 미리 읽어오지 않아도 토론 활동이 가능해 꼭 책을 읽어야 한다는 압박감에서 자유롭다. 또한 읽기 능력의 향상은 요즘 최대 화두인 문해력과도 맞물리는 부분이다. 대부분의 뉴스는 하나의 토픽을 다루고 있어 주제를 파악하거나 전체 맥락을 이해하며 읽기에 더할 나위 없이 좋은 콘텐츠다. 솔직히 이 부분은 엄마의 부담을 덜어주는 이점으로도 작용한다. 이슈가 명확하므로 토론 수업을 진행할 때 어려움이 덜한 것이다.

물론 뉴스토론이 장점만 있는 것은 아니다. 단점도 있다. 대부분의 뉴스가 어른을 대상으로 작성되기 때문에 어려운 어휘 풀이나 배경 설명이 요구되기도 한다. 이럴 때는 아예 어린이를 독자로 한 어린이 뉴스를 선택하거나, 뉴스를 읽고 난 뒤 아이의 눈높이에 맞춰 엄마가 다시 한번 설명해주는 과정이 필요하다. 개인적으로는 후자를 추천한다. 자기 수준보다 다소 높은 텍스트를 접해 보는 것만으로도 좋은 자극이 될 수 있는 데다가 한자어 등 낯선 어휘를 배울 수 있는 기회가 되기 때문이다. 또한 어린이 뉴스의 특성상 다양성 측면에서 분명한 한계가 존재한다는 점에서도 그렇다. 처음에는 다소 어렵다 해도 꾸준히 읽다 보면 뉴스 문법에 조금씩 익숙해지면서 어휘력과 독해력이 놀랄 만큼 자란다. 내 경험에 비추어보더라도 처음에는 어려운 어휘와 한자어 때문에 한 줄 읽기도 버거워하던 아이가 3년이 지난 지금은 길이가 제법 긴 뉴스를 읽고 전체 맥락을 이해하는 데 막힘이 없다. 가끔 모르는 단어가 나와도 앞뒤 문맥을 따져 그 뜻을 유추하는 데까지 이르렀다.

마지막으로 사소하지만 가장 강력한 부가적인 장점을 이야기하자면 아이와 대화할 수 있는 소재가 무궁무진해진다는 점이다. 일주일에 한 번만 토론 수업을 한다고 해도 1년이면 52개의 주제로 아이와 대화를 나누는 셈이다. 그러니 실제로는 그보다 훨씬 많은 뉴스를 아이와 공유하고 대화하게 된다. 아이가 세상일에 관심이 커지면서 먼저 질문을 던지고, 그것을 시작으로 대화가 꼬리에 꼬리를 물고 이어지기 때문이다.

스마트폰 세대에게 미디어 리터러시가 필요한 이유

뉴스토론이든 독서토론이든 모든 토론의 기대 효과 중 하나는 비판적 사고능력 기르기다. 통상적으로 '비판'이라는 단어가 부정적으로 사용될 때가 많지만, 사실 '비판'은 옳고 그름을 판단하고 밝히는 것을 말한다. 즉 비판적 사고는 가치 판단의 문제로, 여기에는 전체를 파악하고 분석하는 능력, 논리적으로 생각하고 판단하는 능력이 포함된다.

비판적 사고능력은 요즘 전 세계가 주목하고 있는 '미디어 리터러시' 교육의 핵심이기도 하다. 미디어 리터러시란 다양한 미디어 매체를 이해하고 올바르게 정보를 획득하고 이용할 줄 아는 능력을 말한다. 다시 말해 매체가 전하는 다양한 형태의 메시지를 무조건 수용하거나 배척하지 않고, 의심하고 검증하고 따져보는 비판적 사고 활동을 통해 올바른 미디어 활용 능력을 갖추는 것이다.

요즘 세대에게 미디어 리터러시 교육이 특히나 중요한 까닭은 아이들이 일명 '스마트폰을 손에 쥐고 태어난 세대'라 불릴 정도로 미디어 친화적이기 때문이다. '스마트폰'으로 특정 짓기는 했지만 사실상 매체의 구분 없이 모든 미디어 콘텐츠에 일찌감치 노출되고 있는 게 현실이다. 문제는 언제까지나 부모가 통제할 수 없다는 것. 스마트폰 사용은 강제로 막을 수도 없고 막는다고 막아질 문제도 아니다. 오히려 엄마 몰래 접하는 과정에서 더 큰 문제가 불거질 수도 있다. 미디어는 수많은 정보의 보고다. 잘만 활용한다면 막강한 무기가 될 수 있지만, 그렇지 못할 경우 심각한 부작용이 따라온다. 미디어 리터러시 교육이 꼭 필요한 이유가 여기에 있다.

하지 못하도록 제한하는 것은 본질적 해결책이 될 수 없다. 수많은 미디어 정보 속에서 유익한 정보를 찾아내는 능력, 유해한 콘텐츠를 걸러내는 의지, 진짜와 가짜를 구분할 수 있는 판단력 등을 길러야 한다. 무분별한 미디어 수용으로 인해 발생하는 모든 문제는 아이들이 미디어를 선별하고 통제하는 능력을 갖추지 못한 채 끌려다니기 때문이다.

뉴스는 대표적인 미디어 콘텐츠이다. 일찍부터 뉴스를 접한 아이들은 저절로 미디어 리터러시 교육까지 병행하게 된다. 내가 뉴스를 읽으면서 자주 많이 하는 말은 '그 어떤 정보도 완벽한 진리는 없다' '무조건 믿지 말고 의심하면서 읽어라' '의견과 사실을 구분해라' '의도가 있는 글인지 아닌지 따져봐야 한다' 등이다. 뉴스는 객관적인 정보를 다루는 대표적 매체지만, 실제로 그렇지 않은 경우도 많다. 실수에서 오는 오보도 있고, 경우에 따라서는 의도적으로 문제를 확대·축소하거나 왜곡되기도 한다.

아이들이 어릴 때는 여기까지 생각하면서 토론하기 어렵겠지만, 토론에 점점 익숙해지고 사고가 성숙해지다 보면 스스로 '좋은 뉴스'를 찾아내는 분별력을 갖게 된다. 오류를 찾아내거나 편향적인 시각을 읽어 내는 능력도 생긴다. 뉴스라는 미디어를 통해 훈련하며 얻어진 감각과 판단력은 유튜브나 소셜미디어 같은 다른 플랫폼을 접할 때도 발휘된다. 그러므로 아이가 어릴 때부터 뉴스토론을 꾸준히 진행하며 비판적 사고력을 키우는 일에 최선을 다할 필요가 있다.

초보 토론러 엄마들을 위한
사소하고 확실한 조언 15

이런저런 갈등과 걱정을 떨쳐내고 엄마표 토론을 하기로 마음 먹었다고 해도 막상 실전에 들어서는 순간 여러 난관에 끝도 없이 부딪친다. 그래도 괜찮다. 엄마는 선생님이 아니고 프로도 아니니 까. 한번 해 보겠다는 의지를 실천한 것만으로도 일단 합격점이다. "모든 전문가도 한때 초보자였다(Every expert was once a beginner)"는 말도 있지 않은가. 시작 자체로 큰 용기를 냈다면 이제 꾸준히 하 는 것을 목표로 삼으면 된다.

아이와 토론 수업을 하는 중에 문제가 발생하는 경우의 수는 무 한대다. 어떨 땐 '왜 이제야 시작했을까?' 싶을 정도로 순탄하게 흘 러가기도 하고, 또 어떨 땐 인내심의 한계를 시험당하며 '과연 언제까지 계속할 수 있을까?'라는 의구심에 사로잡힌다. 하루에도 몇 번씩 마음속으로 전쟁을 벌이고 있는 엄마들을 위해 유경험자로서 토론 초보자들이 알아두면 좋을 상황별 대처법과 구체적인 지침을 소개한다.

1 토론의 기본 에티켓은 반드시 지켜라

토론은 기본적으로 형식과 절차가 있는 활동이다. 보통 입론-교차질문-반론-최종발언 등의 단계를 거치고, 발언 시간과 순서를 지키는 것을 원칙으로 한다. 그러나 토론 초보자인 엄마들은 우선 당장 이런 규칙 따위는 무시해도 괜찮다. 하드웨어를 채우는 데 괜한 에너지를 소모할 필요 없이 우선 내용에만 충실하면 된다. 나중에 형식을 따져 토론해야 할 상황이 오더라도 토론 활동에 익숙해진 아이라면 큰 어려움 없이 토론할 수 있다.

그러나 엄마표 토론이라고 해서 지켜야 할 규칙이 아예 없는 건 아니다. 다른 사람의 말을 끊지 않고 경청하기, 상대방의 의견을 존중하기 같은 에티켓을 지키는 것이 중요하다. 토론은 자기주장만 내세우거나 강요하는 것이 아니라 다른 사람의 의견을 듣고 생각하고 설득하는 활동이다. 어쩌면 자기 의견을 내놓는 것보다 다른 사람의 말을 듣는 것이 더 중요하다고 할 수 있다. 듣는 과정에서 생각에 자극을 받고 할 말도 싹트기 때문이다.

상대의 말을 잘 듣는 태도는 중간에 말을 끊지 않고 충분히 발언할 기회를 주는 자세와 연관된다. 토론이 공교육의 핵심축을 이루고 있는 독일에는 '일단 끝까지 말하게 해(Ausreden lassen)'라는 말이 있다. 초등학교 입학을 전후로 아이들이 가장 먼저 배우는 토론 규칙이기도 한데, 한마디로 남의 말을 끊지 말라는 의미다. 당장에 반론하고 싶은 내용이 있더라도 기다릴 수 있어야 한다. 상대가 충분히 말할 수 있게 해줘야 자신의 발언권도 보장받는다.

토론은 말싸움이 아니다. 상대를 이겨야만 하는 경쟁도 아니다. 서로 의견이 달라 부딪칠 수는 있어도 기본적으로 상대방을 존중하는 마음을 가져야 한다. 그러나 열띤 주장을 펼치다 보면 자신도 모르게 표현이 딱딱해질 수 있는데, 그때 사용하면 좋은 언어가 바로 '쿠션언어'다. "좋은 의견입니다, 하지만 저는…" 혹은 "그렇게 생각할 수도 있겠네요. 그렇지만 제 생각은…" 같이 대화를 부드럽게 만들어주는 표현을 의식적으로라도 습관화할 필요가 있다.

이러한 토론의 기본 에티켓은 확실히 몸에 밸 때까지 계속해서 아이에게 상기시켜 주는 것이 좋다. 물론 엄마가 먼저 모범을 보이는 것은 당연하다. 에티켓을 지키며 하는 토론 활동은 사고력뿐만 아니라 공감 능력과 성숙한 태도까지 기를 수 있다는 사실을 명심하자.

2 질문의 힘을 기억하라

토론에 초보인 것은 엄마나 아이나 마찬가지다. 이런 상황에서 토론을 이끌어 나가야 하는 것은 엄마 몫이다. 그러려면 아이의 생각을 열고 말문을 틔우게 해야 하는데, 우린 이미 가장 좋은 방법을 알고 있다. 바로 질문이다. 앞서 누누이 말했듯이 책이나 뉴스 같은 토론 매개가 없어도 엄마의 질문 하나면 토론은 시작된다. 그리고 특정 주제가 있다면 질문은 훨씬 많아지고 다양해질 수 있다.

토론 수업을 준비하면서 사전에 가장 신경 쓸 부분도 질문이다. 질문은 생각 공장을 돌리는 기본 에너지다. 공장의 기계를 돌리려면 어느 정도 예열이 필요하듯이 토론 활동 초반부에서는 사소한 질문들로 워밍업을 해주는 게 좋다. 책 제목이나 뉴스 타이틀을 읽고 떠오른 생각을 물어도 좋고, 연관된 경험을 꺼내 볼 수 있는 질문을 해도 좋다. 엄마의 호기심을 드러내며 아이의 호기심을 자극하는 질문도 아주 좋다.

당연한 이야기지만 이때의 질문은 반드시 오픈형이어야 한다. 답정너 스타일의 질문이나 '네/아니오'로 끝나는 질문은 하지 않는 것만 못하다. 질문을 찾아내기 어렵다면 반대로 아이에게 질문권을 주면 된다. 토론 자료를 읽거나 보는 중에 생긴 궁금한 점, 잘 이해가 되지 않은 점을 질문할 시간을 주고, 그 질문에 답해주거나 아이와 함께 질문의 답을 찾아보는 것도 좋다.

토론을 꾸준히 하다 보면 질문하는 능력은 저절로 따라온다. 그리고 질문력을 키우기 위해서는 무엇보다 습관이 중요하다. 토론을 위한 질문만이 아니라 평소에도 아이의 호기심을 자극하고 생각을 깨우는 물음표를 놓지 않아야 한다. 원활한 토론이든 즐거운 대화이든 질문에서 시작된다는 것을 기억하자.

3 '나'의 이야기를 먼저 하라

토론이 익숙하지 않은 아이는 자기 생각을 말하는 게 어렵다. 어떤 말을 해야 할지, 어떻게 말해야 할지 잘 모른다. 엄마는 이런저런 질문을 준비해서 아이의 입을 열어보려고 애써보지만 큰 도움은 되지 않는 것 같다. 앞서 말한 '질문의 힘'을 의심하게 되는 순간이다.

질문을 던질 때도 나름의 기술이 필요하다. 무작정 질문을 던진다고 능사가 아니다. 아이가 질문에 잘 대답할 수 있도록 도와줘야 한다. 질문을 받은 아이는 생각할 시간이 필요하다. 아이를 재촉하지 말고 충분히 생각할 시간을 줘야 한다. 그 기다림의 사이 엄마가 할 일이 있다. "나는 이렇게 생각해"라면서 자신의 의견을 먼저 들려주는 것이다. 질문과 관련해서 직간접적으로 경험했던 일이나 알고 있는 정보를 공유해주는 것도 좋다. 일종의 모델링 방식이다.

엄마가 들려주는 이야기기 속에서 힌트를 얻어 생각을 발전시킬 수도 있고, '아, 이런 식으로 말하는 거구나' 하고 말하는 방식을 따라 할 수도 있다.

물론 처음에는 "나도 그렇게 생각해"라면서 딱히 고민해 보지 않고 엄마 의견에 동조할 때가 많을 것이다. 생각하기가 귀찮아서가 아니라 제법 그럴싸한 의견을 말해야 할 것만 같은 부담을 느끼기 때문이다. 그럴 때 "생각 좀 해"라며 채근하는 대신 "이렇게도 생각할 수 있지 않을까?"라며 엄마가 먼저 아이의 눈높이에 맞춰 소소한 의견을 제시하는 것이 좋다. 그 과정에서 아이는 '굳이 거창하게 꾸며서 말할 필요는 없구나' '별거 아닌 이야기를 해도 괜찮은 거구나' 하는 사실을 알아채고 자기도 슬그머니 의견을 얹어 볼 용기를 내게 된다.

4 유머를 장착하라

스타 강사의 강연을 듣다 보면 깨닫게 되는 사실이 있다. 효과적으로 메시지를 전달하는 방식은 강사마다 다르지만, 화술 측면에서 공통된 특징이 하나 있으니, 바로 '유머'를 장착하고 있다는 점이다. 아무리 피와 살이 되는 말이라도 이야기 내내 무겁게만 흐른다면 듣는 사람의 귀에 잘 들어올 리가 없다. 심오한 이야기를 할 때도 적당한 위트와 유머를 섞어가며 말해야 청중의 마음을 쥐락펴락할 수 있고 메시지 전달력도 강해진다.

직장생활을 할 때 있었던 일이다. 한번은 꽤 큰 금액의 사업비가 걸린 프레젠테이션을 진행하게 된 적이 있다. 기자로만 살았던 터라 프레젠테이션 자리가 처음이었다. 꼼꼼한 자료 준비는 기본이고, 어떻게 하면 경쟁력을 가질 수 있을까 고민하다 발표 중간중간 구사할 유머를 짜서 대본을 만들었다. 프레젠테이션에서 '유머 테크닉의 중요성'을 들은 것 같아서 실행해 보기로 한 것이다. 발표하는 도중에 두 번의 웃음이 터지는 상황을 만들어낸 나는 모든 프레젠테이션이 끝난 뒤 한 번 더 위트 섞인 발언으로 마무리를 했고, 그렇게 세 번째 웃음이 터지는 것을 보면서 '긍정적인 결과'를 기대해도 좋겠다는 확신이 들었다.

아이와의 토론에서도 엄마의 유머는 선택이 아닌 필수 요소다. 물론 엄마는 스타 강사나 선생님이 아니기 때문에 토론 주제를 효과적으로 전달하기 위한 장치로서 유머를 구사하기가 매우 어렵다. 이때 부담을 갖지 않아도 되는 건 꼭 토론 내용과 연관된 유머일 필요는 없다는 것이다. 비논리적인 말이나 말장난도 좋다. 토론하면서 아이가 지루해하는 순간에 또는 어려워서 곤란해하는 순간에 아이의 무료함과 긴장을 풀어줄 수 있는 유머나 위트면 충분하다. 이렇게 분위기를 한 번 환기해주면서 토론은 따분하거나 부담스러운 일이 아니라 즐겁고 편하게 할 수 있는 활동이라는 것을 아이에게 인지시켜주는 것이 중요하다. 호기심의 발로나 앎에 대한 욕구는 그다음 문제다. 무엇보다 웃음은 토론 초보자인 엄마나 아이에게 토론 활동을 지속해 나갈 힘과 에너지를 준다는 점에서 반드시 필요하다.

5 가르치는 게 아니라 함께 배우는 것이다

엄마는 선생님이 아니다. 엄마가 선생님처럼 행동하는 순간 아이는 토론을 또 다른 사교육으로 받아들이게 된다. 차라리 학원에 가서 선생님과 수업하는 게 낫지 '선생님을 흉내 내는' 엄마와 하는 수업은 더 힘들고 괴롭다.

토론할 때 절대 아이를 가르치려 하거나 엄마의 생각과 의견을 주입하려고 하면 안 된다. 토론을 준비하고 이끌어가는 건 분명 엄마지만, 토론 활동의 모든 과정은 아이와 함께 배우고 성장하는 순간일 뿐이다. 토론 수업을 하기로 한 결정부터 아이와 의논하면서 '나도 너도 서툰 초보자' 혹은 '같이 배우기 위한 시간'이라는 공감대를 형성한다면 아이는 기꺼이 기쁜 마음으로 토론 활동에 적극적으로 임할 것이다. 아닌 게 아니라 아이와 토론 활동을 해 보면 때때로 아이에게서 배우고 아이를 통해 새롭게 깨닫는 순간이 꽤 많다는 사실을 알게 된다.

엄마로서도 '가르치는 사람'이라는 부담에서 벗어나면 마음이 한결 가볍다. 완벽하게 준비하지 못해도 불안하지 않고, 중간에 모르는 내용이 나와도 당황스럽지 않다. 모르는 건 같이 찾아보면 된다. 선생님과 학생이 아닌, 완벽하게 평등하고 열린 관계에서 진행되는 토론일수록 더 활발하게 서로의 의견을 주고받을 수 있다는 사실을 기억하자.

6 틀린 건 없다, 다를 뿐이다

아이가 나의 언어 사용 중 매번 지적하는 내용이 있다. '다르다'라고 말해야 할 때 습관적으로 튀어나오는 '틀리다'라는 표현이다. '다른 사람'이라고 해야 하는데 '틀린 사람'이라고 말하고, '모양이 다르다'라고 해야 하는데 '모양이 틀리다'라고 말하는 경우이다. 지적을 받을 때마다 생각한다. '틀리다'와 '다르다'는 완전히 다른 범주의 단어인데, 왜 나를 비롯한 많은 사람들이 이러한 말 습관을 갖게 됐을까. 어쩌면 '다름'을 인정하지 않기 때문이 아닐까. 다른 것들은 다 '틀린 것'으로 간주해버리는 사회적 분위기 때문이 아닐까 하는 생각들 말이다.

일상 언어에서도 그렇지만, 특히 토론 활동에서 '다르다'와 '틀리다'는 아주 명확하게 구분되어야 한다. 나와 '다른' 의견과 생각을 가진 상대는 결코 '틀린' 게 아니다. 도저히 합의점에 이를 수 없는 정반대의 지점에 서 있다 해도 "네가 틀렸다"라고 말할 수 없다. 어떠한 현상이나 문제에 대해 저마다 다르게 생각하는 건 당연한 일이고, 우리는 이를 인정함으로써 상대를 이해하고 다양성을 존중하는 법을 배우게 되기 때문이다.

따라서 아이가 때로 엄마가 생각하기에 도저히 이해가 안 되는 의견을 밝히더라도 '그래, 그렇게 생각할 수도 있지'라며 수용하는 태도를 보여야 한다. 아이는 그런 엄마의 태도를 보면서 상대방을 배려하고 존중하는 마음을 배운다. 토론은 정답을 찾는 시험이 아니라, 어디까지나 서로의 의견을 주고받는 논의의 장이라는 것을 잊지 말자.

7 정답은 없지만 바른 가치는 있다

앞에서 토론에는 답이 없으므로 모든 생각과 의견은 존중 받아야 한다고 말했다. 그러나 그 말이 모든 발언을 인정해야 한다는 뜻은 아니다. 생각이 다르다는 것을 인정하는 것과 모든 발언을 인정하는 것은 다른 차원의 문제다. 토론은 논리적으로 생각하고 설득하는 법을 배우고 또 지적으로도 충만해지는 배움의 시간이기도

하지만, 무엇보다 가치관 형성에 크게 기여한다는 점에서 굉장히 중요하고 의미 있는 활동이다.

한 사람의 생각과 의견은 그 사람의 가치관을 반영한다. 자라온 환경, 직간접적으로 겪은 다양한 경험, 엄마 아빠를 비롯한 주변 사람들의 영향 등에 따라 아이의 가치관이 형성되어 간다. 그리고 이 가치관은 어떤 현상이나 문젯거리가 생겼을 때 어떤 관점으로 바라보고 어떻게 판단하고 행동할 것인가의 기준이 된다. 아울러 가치관은 인성이나 태도와도 연결되기 때문에 아이가 어릴 때부터 바른 가치관을 갖도록 노력해야 한다. 그런 면에서 엄마표 토론의 장점은 더 빛이 난다. 다양한 문제를 고민하고 의견을 나누는 과정에서 아이가 건강한 사고를 할 수 있도록, 올바른 가치관을 가질 수 있도록 도와줄 수 있기 때문이다.

예를 들어 '돈으로 행복을 살 수 있을까?'라는 주제로 토론을 한다고 가정해 보자. 물질과 정신의 가치 차이에 대해 깊이 생각해 볼 기회가 없는 경우 돈의 가치에 대해 매우 높게 평가하기 쉽다. 나 역시 아이와 같은 주제로 토론했던 경험이 있는데 아이는 내가 예상했던 것보다 돈에 굉장히 높은 가치를 두고 있었다. 토론 자료 역시 전 세계 170만 명 이상의 사람을 분석한 결과 수입이 높을수록 더 행복하다는 사실을 발견했다는 뉴스였으므로, 아이의 생각과 발언도 어느 정도는 이해가 됐다. 그러나 아이의 '다른' 생각을 존중하는 것과 별개로 엄마로서 아이의 의견 자체를 완전히 인정할 수는 없었다. 돈이 행복에 영향을 끼친다는 사실을 부정할 수는 없지만, 적어도 아이가 '돈으로 행복을 살 수 있다'는 가치관을 갖게 할 수는 없는 노릇 아닌가. 이럴 때 엄마의 역할은 아이가 '다른' 생각을 해 볼 수 있는 질문을 제시함으로써 바른 가치를 정립할 수 있도록 유도하는 것이다.

나중에 실전편인 3장에서 구체적으로 다루겠지만, 아이들과 하는 토론 주제는 사실인지 아닌지 팩트를 다루는 문제보다 가치 판단이 필요한 문제들이 대부분이다. 다양한 주제로 토론하면서 아이가 올바른 가치관을 형성하고 정립해 나가도록 도와줘야 한다.

8 오류는 지적해야 한다

토론을 하다 보면 의견을 주장하는 과정에서 다양한 근거와 배경지식이 많이 동원된다. 개중에는 사실에 기반한 것도 있고 자신의 경험에서 비롯한 내용도 있다. 두 가지가 명확하게 구분되는 것은 아니다. 아이들은 어디서 본 것, 들은 것, 경험한 것을 구분하지 않고 모두 '객관적인 사실'로 인지할 때가 많다. "내 친구가 그렇게 말했어"라거나 "선생님이 그런 경험을 했대"라며 객관화하는 식이다. 학년이 올라가면서 경험과 사실, 주관적인 것과 객관적인 것을 어느 정도 구분할 수 있는 능력이 생기지만, 대체로 아이들에게 '팩트 체크'는 어려운 부분이다.

그러다 보니 아이들은 부정확한 사실을 정확한 것으로 인지하거나 개인의 특수한 경험을 일반화해서 말하는 잘못을 범할 때가 많다. 그럴 때 엄마가 아이의 말을 듣고 잘못된 점을 지적해주어야 한다. 예를 들어 스마트폰 사용 문제로 토론을 하는데, 아이는 스마트폰을 오래 사용해도 크게 문제가 되지 않는다는 주장을 내세우면서 "내 친구 ○○는 스마트폰을 많이 하는데도 항상 1등이야"라거나 "스마트폰에는 많은 정보가 있기 때문에 다 나쁜 게 아니다"라고 말한다고 가정해 보자. 전자는 친구 한 명의 경험을 일반화했다는 오류가 있고, 후자는 자기주장에 유리한 면만 부각했다는 오류가 있다. 이런 식으로 오류를 지적하면서 주장에 허점이 있음을 말해주는 것이다.

모든 의견을 일일이 검색해가며 해당 내용이 사실인지 아닌지를 꼼꼼하게 따지라는 얘기가 아니다. 적어도 아이가 크게 잘못 알고 있는 부분은 그에 합당한 근거를 들어 바로잡아줄 필요가 있다는 뜻이다. 즉 허용할 수 있는 범위와 그렇지 않은 것을 구분해야 한다. 예시로 든 두 가지의 근거 중에서 친구의 경험은 객관적인 근거로 허용되기 어렵지만, 스마트폰의 정보 부분은 일부 그렇게 볼 수 있는 측면이 있으므로 이를 가려서 설명해주면 된다.

토론은 논리적 사고를 바탕으로 한 논의의 과정이다. 부정확한 근거나 오류투성이의 지식은 논리적 사고를 키워주기는커녕 잘못된 개념을 심어주고 바르지 못한 신념을 갖게 할 수 있으니 항시 경계해야 할 부분이다.

9 말 공부가 필요하다

엄마의 말 한마디가 아이에게 지대한 영향을 끼친다는 점은 그간 수많은 자녀 교육서를 통해 누누이 강조되어 왔다. 전문가들은 엄마의 말이 기적을 일으킨다고 말한다. 아이를 변화시키고 부모와의 관계를 달라지게 하고 심지어 모든 엄마의 로망인 '스스로 공부하는 아이'로 성장시킨다고 말이다. 구체적으로 어떤 말이 어떤 기적을 만들어내는지는 각자의 기대치와 경험치에 따라 다르겠지만, 개인적으로 '엄마의 말이 기적을 일으킨다'는 명제 자체에는 절대 동의한다.

평소 말 공부가 잘 되어 있어서 어떤 상황에서든 언어 전략을 적절히 활용할 수 있는 엄마라면 문제없겠지만, 그렇지 않다면 적어도 엄마표 토론을 할 때만큼은 언어 사용에 신경을 써야 한다. 모든 '엄마표' 공부는 엄마와 아이 사이에 갈등을 빚는 여러 상황에 직면할 가능성이 크다. 토론도 마찬가지다. 특히 말로 하는 활동이란 점에서 언어 때문에 생기는 충돌이 잦을 수밖에 없다. 엄마로 서는 깊이 생각하지 않고 대충 말하는 아이의 말이 마음에 들지 않고, 성의 없는 말투도 거슬린다. 차별화된 생각과 의견을 이끌어내려 애써봐도 앵무새처럼 같은 말만 반복하니 짜증이 난다. 반면 아이로서는 자꾸 다그치고 채근하고, 심지어 한숨이나 침묵으로 못마땅해하는 내색을 보이는 엄마가 불편하고 싫다.

이런 어려운 상황에서도 엄마의 말은 기적을 일으킬 수 있다. 아이와 토론할 때 가장 효과적인 말은 칭찬과 격려의 말이다. 그리고 어려워하는 아이의 마음을 알아주고 다독여주는 말이다. 사소한 의견이라도 자기 생각을 표현했다면 당연히 칭찬해줘야 하고, 결과적으로 자기 의견을 제시하지 못했더라도 여러 방법을 생각한 시도 자체를 칭찬해줘야 한다. "어떻게 그런 생각을 했어? 엄마도 생각하지 못했던 부분인데 놀랍다" "자기 의견을 말로 표현하는 게 정말 중요한데 너무 잘했어!" "토론은 생각하는 활동이야. 이렇게 저렇게 생각해 보려고 노력하는 태도가 훌륭한 거야"라는 식으로 상황별로 구체적인 칭찬 언어를 구사할 수 있어야 한다.

엄마의 기대에 미치지 못하더라도 다그치지 말고 격려하고 이해하는 말로 아이를 북돋아 주어야 한다. "그게 무슨 말이야? 제발 생각 좀 하고 말할 수 없어?" "지금 토론을 하겠다는 거야, 말겠다는 거야?" "언제까지 생각만 할 거니? 말로 표현을 해야지!"라는 감정적이고 부정적인 언어는 아이 마음을 위축시킬뿐더러 생각의 문을 닫게 만든다. 아이가 토론을 긍정적인 것으로 인식하고, 엄마 표 토론을 지속해 나가기 위해선 엄마도 말 공부가 필요하다.

"토론이 어렵지? 엄마도 사실 처음이라서 너랑 비슷해." "처음에 비하면 지금 넌 너무 잘하고 있어! 우리 천천히 노력해 보자." "엄마도 너도 같이 배우면서 계속 토론하다 보면 분명히 발전하는 게 보일 거야. 엄만 널 응원할 테니까 너도 엄마를 응원해줘!"라고 말해준다면 아이는 더 잘하고 싶은 마음이 샘솟을 것이다.

엄마의 말이 아이의 태도를 바꾼다. 그러나 한두 번으로 되는 일이 아니다. 초기에는 토론 자체에 익숙해질 수 있도록 도와주는 언어 전략을 구사해야 하고, 토론이 몸에 익은 뒤에는 아이가 다음 단계로 나아갈 수 있도록 긍정적 자극을 주는 언어 전략이 필요하다. 엄마의 말 공부에는 끝이 없다.

그러나 아무리 열심히 말 공부를 해도 감정이 터지는 상황은 발생하기 마련이다. 특별히 그날의 예민한 감정이 문제일 수도 있고, 엄마는 애쓰는데 아이가 달라지지 않는 것 같은 답답함에 벌컥 화를 낼 수도 있을 것이다. 그럴 때는 감정적으로 대응하다 싸우지 말고 차라리 토론을 멈춰라. 그간의 노력을 물거품으로 만드는 것보다 중단하는 편이 훨씬 낫다. 나중에 차분한 마음으로 감정이 격해졌던 이유에 대해 아이와 대화해 보거나 어떻게 하면 토론을 즐겁게 계속할 수 있을지에 대해 이야기를 나눠보며 방법을 찾아 나가는 것이 좋다.

10 논제를 반복하라

반복 독서가 효과적이라고 한다. 한 번 읽은 내용은 며칠만 지나도 대부분 잊어버리기 쉬운데, 여러 번 읽으면 기억에 오래 남고 마음에도 새겨진다는 것이다. 공부도 마찬가지다. 분명히 배운 지 얼마 안 됐는데 빛의 속도로 잊어버리는 경험은 누구에게나 있다.

독일의 심리학자 헤르만 에빙하우스가 주장한 '망각 곡선'에 따르면 학습한 뒤 10분 후부터 망각이 시작되고, 1시간 뒤에는 학습량의 50퍼센트가 지워지며, 한 달이 지나면 대부분을 잊어버린다고 한다. 기억을 지켜내는 방법으로 복습을 얘기했기 때문에 반복 학습의 중요성을 설명할 때마다 매번 거론되는 이론이다. 일방적으로 주입하는 형태의 학습이 아니라 참여형이라는 점에서 토론 활동에 망각 곡선 이론을 그대로 적용하긴 어렵지만, 분명한 것은 망각의 속도에 차이가 있을 뿐 토론 활동에도 기억의 감퇴는 일어난다는 점이다.

토론 활동도 반복, 즉 복습이 중요하다. 토론을 시작할 때 지난 시간에 다루었던 내용을 상기시켜 주는 것은 간단하지만 효과적인 복습 방법이다. 예전에 토론했던 내용과 연관된 주제를 다룰 경우 아이의 기억을 되살리기 위해 짧게나마 과거 토론 내용을 거론하는 것도 좋다. 주기적으로 같은 주제를 반복해서 다루는 것도 효과적이다. 어려운 논제일수록 더 그렇다. 같은 논제를 반복해서 다루면 아이의 생각과 태도 변화 등을 확인할 기회도 된다.

토론을 계속하면 사고의 깊이가 달라진다. 같은 논제라 해도 예전과는 전혀 다른 관점과 가치에서 문제를 인식하고 대책을 마련할 수 있다. 그런 아이의 성장을 지켜보며 얻는 보람과 기쁨은 엄마표 토론을 지속시키는 힘이 된다.

11 논제에 집착하지 말라

아이와 토론을 하다 보면 출발과는 전혀 다른 주제로 대화의 방향이 흐를 때가 있다. 한번은 '비트코인을 법정 화폐로 인정할 수 있을 것인가'를 주제로 아이와 토론한 적이 있다. 주제 자체가 아이의 최대 관심사 중 하나였으니 많은 질문이 쏟아질 거라 예측은 했지만, 그날 토론은 주제를 벗어나 블록체인 같은 컴퓨팅 기술의 장단점은 물론 나라마다 다른 화폐를 쓰는 이유, 화폐 가치가 달라지는 근거, 가상화폐 창시자의 조건 등을 넘나들며 폭넓은 대화가 이뤄졌다. 그나마 이 정도면 '화폐'라는 큰 범주 안에 있는 셈이다.

어떤 때는 전혀 다른 카테고리로 넘어가는 경우도 더러 있다.

이럴 때 나는 정해진 논제에 집착하지 않고 아이의 호기심과 질문을 따라간다. 엄마표 토론에서는 오늘 반드시 이 논제의 끝을 봐야 할 이유가 전혀 없다. 아이의 생각을 따라가다 보면 자발적이고 자유로운 토론이 펼쳐지고, 한참 그렇게 서로의 의견을 주고받다 보면 더 큰 배움이 가능해진다. 그러니 토론하는 도중에 아이가 저절로 다른 궁금증이 생겨 샛길로 빠진다면 오히려 환영할 일이다. 머릿속으로 끊임없이 '원래 논제로 돌아가야 하는데'라고 생각하며 아이의 말과 관심을 끊어버리지 말고, 적극적으로 반응하면서 대화를 이어 나가야 한다.

어린이 투표권에 관한 토론을 하다 어린이날 유래와 역사로 대화가 확장될 수도 있고, 전혀 연관이 없어 보이는 게임 속 세계에 대해 논할 수도 있다. 기억할 것은 토론을 통해 생각의 깊이를 더하는 것만큼이나 생각이 가지를 치고 사고가 확장되는 것도 중요하다는 사실이다. 원래 다루려던 주제로 토론 활동을 끝마치지 못했다면 다음 기회에 다시 하면 된다. 이렇게 융통성을 발휘할 수 있다는 게 엄마표 토론의 장점이 아니겠는가.

토론의 꽃은 '찬성과 반대'로 나누어 의사 진행을 하는 것이다. 사전적 의미로 '토론'과 '토의'가 달라지는 지점도 바로 '찬반' 대립이다. 토론을 시작하는 연령에 따라 찬반 토론이 수월하게 진행될 수도 있고, 그렇지 않을 수도 있다. 그러나 어떤 식으로든 다루는 시안에 대해 찬성과 반대 의견이 함께 이야기돼야 한다. 왜냐하면 토론은 기본적으로 다양한 의견을 경청하고 상대방의 입장을 이해하는 법을 깨우치는 과정이기 때문이다.

평소 아이에게 강조하는 덕목 중 하나가 '역지사지(易地思之)', 즉 상대의 입장이 되어보는 것이다. 그리고 역지사지의 사고를 훈련하기 좋은 방법이 바로 찬반 토론이다. 어떤 문제에 대해 원래는 찬성하는 쪽이지만, 반대 입장에서 생각해 봄으로써 상대를 이해하게 된다. 이런 이유에서 토론 시 찬성 혹은 반대 의견을 제시하는 것은 반드시 필요한 활동이다. 따라서 아이에게도 왜 찬반 토론을 해야 하는지, 어떤 긍정적 효과가 있는지 충분히 설명해줄 필요가 있다.

그러나 이유를 아는 것과는 별개로 아이로서는 찬성과 반대 입장에 맞춰 생각을 쥐어 짜내야 하므로 어려움을 느낄 수 있다. 그럴 땐 엄마가 모델링을 해주면 된다. 아이 주장과 반대편에 서서 이야기를 먼저 전개해 본 후 역할을 바꿔서 한 번 더 토론해 보는 것이다. 엄마가 먼저 낸 의견을 따라 하는 식으로 자기 의견을 내세울 수 있어 도움이 된다. 이런 식으로 훈련을 계속하다 보면 반대 입장에서 생각해 보고 의견을 발표하는 데 익숙해진다.

13 메모하는 습관을 유도하라

토론에서 상대의 의견을 경청하는 것이 중요하다는 것은 이미 여러 번 말했다. 그러나 아무리 상대방의 말을 귀 기울여 듣는다고 해도 토론 시간이 길어지거나 많은 대화가 오가다 보면 앞에 나온 의견이 어떤 것들이었는지, 상대가 어떤 근거를 내세웠는지 완벽히 기억하기 어렵다. 아이만 그런 게 아니라 엄마도 마찬가지다. 토론하면서 메모를 하는 습관이 필요한 이유가 여기에 있다.

상대의 말을 처음부터 끝까지 받아 쓰라는 것이 아니다. 그럴 필요도 없다. 하나도 빼먹지 않고 메모하려다 보면 정작 중요한 토론의 흐름을 놓치기에 십상이다. 중요한 사항이나 근거 등을 간략히 적고, 이와 관련해 지적할 내용이 생각났거나 질문거리가 있을 때 메모를 활용해야 한다. 상대의 말이 끝난 후 어떤 발언을 할지 떠올리면서 키워드를 적어 두는 것도 좋다.

이처럼 메모하는 습관은 기억에도 도움이 되지만 중요한 내용을 이해하고 전체 맥락과 흐름을 파악하는 능력을 기르는 데도 도움이 된다. 긴 시간이 소요되는 토론은 물론이고 10분짜리, 20분짜리 짧은 토론에서도 핵심 내용을 메모하면서 수업을 진행하다 보면 훨씬 더 원활한 토론이 이루어질 수 있다는 점을 기억하자.

14 토론 마무리+후속 활동을 고민해야 한다(feat. 아빠 활용법)

토론은 마무리 활동도 중요하다. 오늘 주제는 무엇이었고, 어떤 쟁점이 있었고, 얼마나 다양한 의견들이 오갔는지 혹은 어떤 점이 부족했는지 등을 다시 한번 정리해주는 시간을 반드시 가져야 한다. 또 해당 논제를 다루기 전과 토론을 끝난 후 아이의 생각에 변화가 있는지, 토론을 통해 새롭게 깨달은 점이나 인상 깊었던 점은 무엇인지 등 추가적으로 정리 발언을 할 수 있는 시간을 충분히 주는 것도 중요하다.

어떻게 보면 그날 논제를 중심으로 큰 줄기를 되짚어가며 처음부터 끝까지 한 번 더 훑어주는 마무리 시간이야말로 토론 수업의 진짜 핵심이라고 할 수 있다. 이 시간을 통해 아이는 스스로 '내가 제법 잘했구나' 혹은 '해냈다'라는 성취감을 느낄 수 있다. 반대로 '지난번과 비교하면 이번에는 좀 부족했구나'라는 자기 평가를 할 수도 있다.

한 가지 더, 마무리 이후의 후속 활동에 대한 고민도 필요하다.

논제와 관련해서 사고를 확장할 수 있는 질문을 던지거나 시간 관계상 충분히 논의하지 못했던 내용이 있다면, 좀 더 깊이 생각해 보고 다음 시간에 다시 이야기를 나눠보기로 제안하는 것도 좋다.

만약 아이가 쓰기 활동에 큰 부담을 느끼지 않는다면 그날 진행한 토론을 간략히 정리해 보는 후속 활동도 학습 측면에서 매우 효과적인 방법이다. 일종의 글로 쓰는 토론인 셈인데 논제부터 시작해 어떤 쟁점을 다뤘고, 그에 대한 찬반 의견은 어떤 것들이 있었으며, 마지막으로 자신의 생각과 의견을 다시 한번 정리하는 식으로 쓰면 된다. 글로 쓰는 후속 활동은 잘만 하면 이보다 더 좋을 수는 없지만, 문제는 자칫하면 아이들이 토론에 대한 흥미를 잃어버릴 수 있다는 데 있다. 따라서 아이 성향과 분위기를 살피면서 후속 활동을 연계해 나가는 것이 좋다. 한 달에 한 번, 두 달에 한 번 정도만 진행하거나, 딱히 횟수를 정하지 않고 아이가 특히 흥미로워했거나 의견 제시를 활발하게 했던 주제에 관해서만 쓰기 과제를 주는 식으로 진행하는 것도 좋은 방법이다.

개인적으로 가장 부담이 없으면서도 재미있고 의미도 있는 후속 활동은 '아빠 의견 들어오기'이다. '엄마표 토론'에 아빠를 자연스레 참여시키는 방법이자 아빠가 아이와 함께 시간을 보내고 서로의 생각을 나누는 효과까지 얻을 수 있다. 아빠의 의견을 들어오기 위해서 아이는 아빠에게 어떤 주제로 토론했고 어떤 의견들이 오갔는지 설명해야 하기 때문에 그날의 토론이 자연스럽게 아이의 머릿속에서 정리된다. 또한 아빠의 의견을 들은 후에 다시 자기 의견을 덧붙이며, 엄마표 토론과는 또 다른 '아빠표 토론'의 장이 열릴 수도 있다. 평소 아빠와 대화가 부족한 경우 아빠를 활용한 후속 활동은 더 큰 의미를 지닌다. 어떤 후속 활동을 할지는 아이의 성향과 상황에 따라 달라지겠지만, 아빠를 활용하는 방법은 꼭 시도해 보길 적극 추천한다.

15 첫술에 배부를 수 없다

엄마표 토론을 해온 지 4년이 돼가는 지금도 때때로 토론 수업이 만족스럽지 못한 경우가 있다. 생각만큼 다양한 의견이 나오지 않을 때도 많고 논리의 전개나 근거가 기대에 못 미칠 때도 많다. 그러나 토론을 처음 시작했을 때와 비교해 보면 크나큰 발전을 이루었음은 의심할 수 없는 사실이다.

지금 우리집 아이는 그 어떤 논제를 다루더라도 제 의견을 밝히는 것을 주저하거나 머뭇거리는 법이 없다. 제법 합당한 근거와 배경지식을 동원해서 어른인 나의 한계를 훌쩍 뛰어넘는 발언으로 나를 깜짝 놀라게 할 때도 많다. 단지 의사 표현만 잘하는 게 아니라 세상을 보는 시선이나 가치관이 멋있다고 느낄 때도 종종 있다.

오랜 시간 토론을 통해 길러진 내공이 빛나는 순간이다.

시간과 노력은 정직하다. 첫술에 절대 배부를 수 없다. 토론 수업을 한 번 했다고 그다음 시간에 아이가 엄청나게 발전해 있을 것이라는 기대는 엄마의 바람일 뿐이다. 토론 교재에 나온 예시처럼 아이가 거침없이 자기 생각을 말할 것이라는 희망도 버려야 한다. 원래 토론처럼 정답이 없는 학습은 눈에 띄는 변화를 보기까지 더 많은 시간을 필요로 하는 법이다. 내일 당장 차이를 못 느끼겠지만 토론 횟수가 거듭될수록 아이가 조금씩 성장하고 있다는 걸 깨닫게 될 것이다.

엄마표 토론을 시작하기로 마음먹었다면 가장 먼저 조급한 마음을 버려야 한다. 사교육이 대신해주는 토론 학습보다 속도가 느릴 수는 있어도, 궁극적으로는 가장 견고한 성장과 발전을 이루게 될 테니 말이다.

3장

엄마표 토론
이렇게 따라 하라

대화로 시작하는 단계

토론의 기본기는 대화다. 아이가 어릴 때부터 대화하는 습관만 잘 들어있어도 본격적인 토론이 필요한 순간이 왔을 때 무리 없이 시작할 수 있고 적응도 빠르다. 여기서 말하는 대화는 어느 집이나 흔히 있는 일상생활과 관련된 이야기다. 이를테면 유치원에서 있었던 일, 집안 행사나 의식주 같은 일상에서 매일같이 일어나는 수많은 상황 속 대화들이다.

그러나 사실 이런 대화에는 '생각 활동'이 끼어들 틈이 많지 않다. 생각을 한다고 하더라도 있었던 일을 떠올리는 기억 차원의 활동이거나, 선택이 필요한 순간에 이뤄지는 단순한 차원의 사고 활동인 경우가 대부분이다. 물론 그렇다 해도 본인의 의사 표현을 정확히 할 줄 알고, 가족이나 친구들과 자유로운 분위기에서 말하고 듣는 상호 작용에 익숙해지는 일은 매우 중요하다.

엄마표 토론을 처음 시작할 때는 일상생활을 중심으로 한 대화에 '생각 활동'이 끼어들 수 있는 질문을 추가하는 방식으로 토론을 진행하는 것이 좋다. 아이가 토론에 익숙해질 때까지 다양한 분야에서 대화를 나누면서 본격 토론을 준비하는 것이다. 특히 아이가 어리다면 적정한 나이가 될 때까지 이런 방법을 반복하는 것이 효과적이다. 여기서 적정한 나이란 아이의 성향과 상황에 따라 조금씩 다르겠지만, 일반적으로 볼 때 초등학교 3~4학년 정도다. 보통 이 연령대가 되면 주제 토론을 시작하기에 적합하다. 그러나 아이의 흥미나 관심사에 따라 유치원 때나 초등 저학년 때도 얼마든지 주제 토론을 시도해 볼 수 있다. 다만 이때도 대화 형식을 통한 토론의 기본기는 어느 정도 터득하고 있어야 한다.

보고 듣고 경험하는 모든 것이 토론 소재다

'Level 1'은 토론의 개념과 틀을 버리고 질문과 대화가 중점을 이루는 단계다. '이렇게 하는 것이 토론이 맞나?' 하는 의문이 들 수도 있다. 그러나 토론을 습관화하는 것은 연속성을 띤 과정이 있어야 하며, 그 시작으로 대화 형태의 연습이 꼭 필요하다는 사실을 기억하자.

이 단계에서 무엇보다 중요한 것은 생각에 자극을 주는 다양한 질문과 아이 대답에 반응하는 엄마의 적극적인 태도이다. 토론을 시작하는 단계인 만큼 아이의 대답이나 의사 표현이 엄마의 기대치에 모자를 수 있다. '왜 저렇게밖에 못 하지'라는 실망스러운 마음이 들 수도 있지만, 끊임없이 묻고 대화를 시도하는 것 자체가 아이의 생각을 자극한다는 점을 기억하고, 지금 당장 눈에 보이는 성과를 바라는 조급한 마음을 버려야 한다.

이때는 눈에 보이는 모든 것, 경험하는 모든 것이 질문거리이자 대화거리가 될 수 있다. 어떤 것을 화제로 삼아야 할지 부담스러운 마음은 버리고, 무엇이 됐든 그때그때 질문하고 이야기를 나누는 습관을 들이는 것이 좋다. 아이가 토론을 재미있는 활동으로 인식할 수 있는 이야깃거리면 다 오케이다. 그래도 굳이 가이드를 제공하자면 아이의 관심사와 흥미를 반영해 아이에게 선택권을 주는 주제, 생각의 전환을 통해 상상력을 자극하는 주제, 아이를 중심으로 한 관계를 다루는 주제 등이 좋다. 아이와 함께 책을 읽거나 애니메이션을 보면서 관련 내용을 다루는 것은 물론이고, 아이가 관심을 보이거나 흥미로워하는 주제의 뉴스를 읽고 이야기를 나눠볼 수도 있다.

아이에게 선택권을 주는 주제

어떤 음식을 먹을지, 어떤 옷을 입을지, 어디에 갈지 등 무언가를 선택해야 하는 상황은 하루에도 몇 번씩 일어난다. 이런 상황을 이용해 생일날 외식 메뉴 정하기, 친구 선물 고르기처럼 선택이 필요한 주제를 두고 아이와 대화의 형식을 빌려 토론 활동을 해 보면 좋다. 이때 아이가 처음 말한 의견이 타당하고 좋은 선택일지라도 일부러 다른 선택지를 제시하고 의견을 덧붙이는 식으로 아이가 좀 더 다양한 생각을 하도록 자극할 필요가 있다. 상상 속 이야기나 '만약에'와 같은 조건적 선택도 재미있는 토론 활동이 될 수 있다.

선택권을 주는 질문 예시

✔ 아이스크림 vs 빙수, 어떤 게 좋을까?

✔ 미끄럼틀 vs 그네, 놀이터에서 딱 하나만 탈 수 있다면?

✔ 강아지 vs 고양이, 어떤 동물을 키우는 게 좋을까?

✔ 모기 vs 파리, 둘 중 하나를 지구상에서 사라지게 할 수 있다면?

✔ 카네이션 꽃다발 vs 화분, 어떤 선물이 좋을까?

✔ 어린이날 vs 크리스마스, 어떤 날이 더 좋아?

✔ 워터파크 vs 놀이동산, 어디가 더 재미있을까?

✔ 봄 vs 여름 vs 가을 vs 겨울, 우리나라에 딱 한 계절만 있다면 어느

계절이 좋을까?

❗TIP 예시처럼 뚜렷한 대립 항이 있는 질문이 아니라 '화장실 vs

냉장고'처럼 전혀 관계가 없어 보이는 대상 중의 하나를 선택해

보는 것도 뜻밖에 재밌는 토론 활동이 될 수 있다. 아이가 말하는

선택의 이유를 들으면서 아이의 내면과 가치관을 엿볼 수 있다.

생각의 전환을 통해 상상력을 자극하는 주제

똑같은 일상, 똑같은 사물도 생각을 달리하면 그 자체로 즐거운 이야깃거리가 된다. 상상과 추론을 더해 이야기를 나누다가 아무것도 아닌 생각을 창의적인 아이디어로 발전시킬 수 있다. 호기심이나 공상에서 시작해 그 안에서 발견한 흥미롭고 놀라운 사실을 공유하면서 앎의 욕구를 자극하고 지적 세계를 확장하는 효과도 거둘 수 있다.

상상력을 자극하는 질문 예시

✔ 시간도 저축할 수 있을까?

❗TIP '서울시간은행' 도입에 대한 뉴스 참고해 이야기를 나눠보자. 이와 연계해 푸드뱅크에 관한 내용도 공유하면 좋다.

✔ 나무도 걸을 수 있을까?

❗TIP 움직이는 나무가 등장하는 동화 혹은 애니메이션을 보여

주고 호기심을 자극할 수 있는 질문을 던져보자. 걸어 다니는 야자나무 '워킹 팜(walking palm)'에 관한 이야기를 소개해도 좋다.

✔ 닭이 먼저일까, 달걀이 먼저일까?

❗TIP 지구의 시작과 연계, 관계와 성장의 의미를 생각하며 추론해 보자.

✔ 태어나기 전에 우리는 어디에 있었을까?

❗TIP 자기중심적 사고를 하는 아이들이 자신의 히스토리를 상상해 볼 수 있는 주제이다. '가족'으로 만난 우리의 이야기로 주제 확장이 가능하다.

아이를 중심으로 한 관계를 다루는 주제

아이에게는 가족을 비롯해 유치원이나 학교에서 만난 친구들과 선생님과의 관계가 세상 전부다. 이런 관계를 바탕으로 아이는 기쁨과 슬픔, 행복과 좌절, 성취와 실망 같은 다양한 감정을 경험한다. '나'를 둘러싼 인간관계를 생각해 볼 기회를 제공함으로써 자신이 속한 세계에 대해 애정과 관심을 갖고, 스스로의 역할과 가치에 대해 올바른 사고를 정립해 나갈 수 있다.

관계를 중심으로 한 질문 예시

✔ 유치원(학교)에는 왜 가야 할까?

❗TIP 유치원이나 학교는 아이에게 있어 거의 최초의 사회생활이다. 모든 사회가 그렇듯 교육기관 역시 즐겁고 행복한 일도 많지만 힘들고 괴로운 일도 많은 복잡다단한 곳이다. 나이가 되면 으레 가니까 나 역시 당연히 가야 하는 것이 아니라, 왜 가야 하는 곳인지 그 필요성에 대해 이야기를 나눠보자. 유치원이나 학교에

가기 싫어하는 아이라면 더 공을 들여 이야기해 볼 필요가 있는 토론 주제이다.

✔ 친구는 왜 필요할까?

❗TIP 친구 관계에 대해 생각해 볼 수 있는 질문이다. 어떤 성향의 친구가 좋은지, 자신은 어떤 친구인지, 어떤 친구가 되어주고 싶은지 등 점점 범위를 확장해서 다양한 질문을 던져보자. 같은 방식으로 선생님에 대해서도 질문하고 이야기를 나눠볼 수 있다.

✔ 정글(무인도)에 갈 때 딱 한 명만 데려갈 수 있다면 누구와 갈까?

❗TIP 아이의 관점과 기준을 파악해 볼 수 있는 질문이다. 우리 아이가 어렸을 때 같은 질문을 던진 적이 있는데, 아이는 한참을 고민하더니 '외삼촌'이라고 답했다. 당연히 엄마나 아빠 중에 한 명을 고를 거라 예상했는데 그 예상을 뒤엎고, 무인도라는 장소의 특수성을 고려해 야생에서 가장 생존력이 높을 것 같은 사람을 지목한 것이다. 이와 비슷한 종류의 질문을 던지고 이야기를 나눠 보면서 아이가 주변 사람들에 대해 어떤 이미지를 가지고 있는지 확인할 수 있다.

✔ 대통령은 나(우리)와 무슨 상관이 있을까?

❗TIP 아이가 속한 세계를 넓혀볼 수 있는 질문이다. 나의 삶에 직접적인 영향을 끼치지 않는 관계라도 우리가 사는 세상은 어떤 식으로든 서로 영향을 주고받는 '관계'로 움직인다는 점을 생각해 보게 한다. 대통령 대신 유명인이나 존경하는 위인 등으로 바꿔서 이야기를 나눠보는 것도 좋다.

뉴스토론

어른들이 생각하는 것보다 아이들은 뉴스에 관심이 많다. 2021
년 미디어 오늘의 설문 조사 결과에 따르면 아이들이 흥미로워하
는 뉴스 주제는 시의성을 띤 사회적 이슈부터 경제, 문화에 이르기
까지 매우 다양한 것으로 나타났다. 토론 활동이 익숙하지 않은 경
우나 나이가 어린 경우 뉴스를 읽고 토론하기는 쉽지 않지만, 어린
이와 직접 관련된 이슈나 공상과학 세계를 다룬 뉴스라면 충분히
재미있는 토론이 가능하다.

흥미를 불러일으키는 토론 주제

✔ 누구나 사라지는 마법 '투명 방패' 개발, 어떻게 활용할까?

⚠️**TIP** 영국의 한 스타트업 회사에서 투명 방패를 개발, 실제로 판
매 중이라는 뉴스 "보고도 눈을 의심" 영화 속 '투명 인간' 현실화됐다, 헤럴드경제 2022년 3월 18일 자
를 함께 읽고, 보충 자료로 준비한 영상 뉴스를 통해 투명 방패에
어떤 기능이 있는지 알아보고, 어디에 어떻게 쓰이면 좋을지 말해

본다. 투명 인간이 된다면 제일 먼저 하고 싶은 일이 무엇인지, 제일 먼저 가 보고 싶은 곳이 어디인지 같은 상상력이 필요한 질문을 던져도 좋고, 투명 방패의 바른 사용처에 대해 서로의 의견을 제시하는 것도 좋다. 더 나아가 투명 방패처럼 만들고 싶은 발명품이나 미래 사회의 모습 등으로 주제를 확장해 다양한 방면에서 이야기를 나눠볼 수 있다. 아울러 아이가 이해할 수 있는 범위에서 투명 방패의 과학적 원리에 대해 함께 알아보며 호기심을 키워주는 것도 좋은 자극이 된다.

✔ 꿀벌은 다 어디로 갔을까?

❶ TIP 우리나라를 비롯해 최근 전 세계에서 문제시되고 있는 '꿀벌 실종'에 대한 이야기 "꿀벌 멸종하면 인류 사라진다" 정말?, SBS뉴스, 2022년 4월 22일 자 카드뉴스를 보고 꿀벌의 실종이 나와 우리 세상에 어떤 영향을 끼치는가에 대해 다양한 이야기를 나눠볼 수 있다. 더불어 꿀벌이 생태계에서 어떤 역할을 하는지, 꿀벌과 비슷한 곤충은 무엇인지, 꿀벌이 사라지는 것을 막기 위해 우리 할 수 있는 일은 어떤 게 있을지 자유롭게 이야기를 나눠본다. 해당 주제로 토론 활동이 끝난 이후에는 길을 가다 마주치는 모든 곤충을 주제로 흥미롭고 유익한 대화를 나눠볼 수도 있다. 기후변화와 환경문제 이슈와 연계해 얼마든지 깊이 있는 토론으로 확장이 가능하다.

주제별·난이도별
토론 예시 10

일반적으로 초등학교 3학년 이상이면 특정 논제에 대해 찬반 토론이 가능한 시기다. 이 시기 아이는 자기중심적 사고에서 벗어나 상대방의 입장에서 생각할 줄도 알게 되고, 자기 의견을 제법 논리적으로 표현할 수도 있게 된다. 집중력도 높아져서 초등 저학년 때보다 긴 시간 동안 토론이 가능해진다. 그뿐만 아니라 아이의 관심 분야가 다양해지고 앎에 대한 욕구도 더 강해지기 때문에 토론 주제를 고르기가 한결 수월해진다.

그렇다고 논제 선정에 한계가 없다는 뜻은 아니므로 토론 주제를 정할 때 기본적인 가이드는 필요하다. 먼저 아이들에게 너무 낯선 분야나 어렵게 느껴지는 문제, 다양한 배경지식이 필요한 문제,

고도의 사고력을 요구하는 문제 등은 피해야 한다. 아이가 관심을 보일 만한 어린이 및 청소년과 관련된 현안을 다루되 정치, 사회, 문화, 과학, 기술, 환경, 예술, 교육 등 다양한 분야로 주제 선택의 폭을 넓혀나가는 것이 좋다. 아울러 논제를 고를 때는 논리적 사고, 비판적 사고, 창의적 사고가 필요한 주제 외에도 성장기에 있는 아이들이 고민해 봐야 할 보편적 가치에 관한 문제를 반드시 다룰 필요가 있다. 이 시기는 아이들의 인격 형성에 있어 매우 중요한 시기이기 때문이다. 아울러 아이에게 잔소리로 들릴 수 있는 조언이나 충고를 토론 활동을 통해 넌지시 전할 수도 있으므로 특히나 토론 주제 선택에 공을 들이는 것이 좋다.

본격적으로 주제 토론에 들어가기에 앞서 엄마표 토론 초보자들을 위한 친절 가이드부터 먼저 살펴보자. 어떤 논제를 정하고 아이와 어떻게 토론할 것인지 어느 정도 감이 잡힐 것이다.

아무리 좋은 생각도 실행하지 않으면 아무 쓸모가 없습니다. '엄마표 토론 정말 좋지!'라고 생각하지만, 정작 어디서부터 어떻게 시작해야 할지 어떻게 이끌어가야 할지 머릿속이 하얘지는 왕초보부터, 할 수는 있을 것 같지만 준비 시간이 부족한 분들을 위한 토론 콘텐츠를 제공해 드립니다.

각자의 상황에 따라 응용하셔도 좋고 처음부터 끝까지 순서대로 따라가면서 활용해도 좋습니다. 그것마저 힘들다면 아이와 함께 전체 내용을 훑어보세요. 주제별 토론 예시를 읽어보는 것만으로도 배경지식이 쌓이고, 생각의 단초를 제공하는 자극제가 될 수 있습니다.

이렇게 진행하세요!

1. 아이와 함께 준비 자료를 읽는 것부터 시작합니다.

2. 자료에 이어 논제를 정리한 내용을 공유합니다.

3. 아이의 연령과 수준을 고려한 질문으로 아이의 생각과 호기심을 열어줍니다. 배경지식을 묻는 간단하고 쉬운 질문도 좋고, 아이의 경험을 들어보는 질문도 좋습니다.

4. 논제를 중심에 두고 본격적으로 생각 나누기를 진행해 봅니다. 경우에 따라 찬성과 반대 입장으로 나눠 번갈아 생각 활동을 합니다.

5. 어느 정도 다양한 의견 교류가 이뤄졌다면 토론 활동 중에 나온 내용을 되짚어보면서 토론을 정리합니다. 이때 찬성과 반대 사례를 참고하되, 아이가 발언한 내용을 중심으로 추가적인 '의견' 예시를 덧붙이는 방식으로 진행합니다.

6. 오늘의 주제와 관련해서 어떻게 생각 활동을 확장해 나가면 좋을지 예시 질문을 참고하여 아이와 이야기를 나눠봅시다.

7. 토론 활동에 열심히 임해준 아이를 칭찬하고 격려하며, 오늘 느낀 점과 깨달음을 발표하는 시간으로 토론을 마무리합니다.

집안일은 누가 하는 게 좋을까

토론 주제

난이도 ★ ☆ ☆ ☆ ☆ 연령대에 상관없이 모두에게 적합한 주제

엄마와 아빠의 역할을 이분법적으로 나누어 인지하고 있는 경우에 꼭 토론해 보면 좋은 주제이다.

준비 자료

- 《돼지책》 앤서니 브라운
- '여자는 집안일' 관념 약해졌지만… 가사시간 남성의 2.5배

  세계일보, 2022년 4월 20일자
- '성평등 인식 개선됐지만… 가사·돌봄 여전히 '여성 몫'

  연합뉴스, 2022년 4월 19일자
- 프랑스인 절반, 집안일 안 하는 남편 '범죄자'로 규정 찬성

  매일신문, 2022년 4월 9일자 ▶ 학부모 참고 자료

논제 요약

과거와 비교해 많이 달라졌다고는 하지만 여전히 집안일은 남자들보다 여자들이 더 많이 하는 것이 현실이다. 청소, 빨래, 밥하기 같은 집안일은 누구의 몫일까? 누가 하는 것이 좋을까?

❗ TIP 친반 토론보다는 엄마 아빠를 비롯한 가족 구성원의 역할에 대해 이야기를 나누는 방식으로 진행하는 것이 좋다.

기대 효과 및 방향성

아이들은 자신이 속한 환경과 상황을 근거로 성역할에 대한 인식을 보편화하기 쉽다. 아빠는 회사에 가는 사람, 엄마는 집안일을 하는 사람으로 인식할 수 있다는 얘기다. 맞벌이 가정이라도 해도 집안일에서 엄마 몫이 큰 경우가 대부분이기 때문에 '집안일＝엄마 일'로 생각하기 쉽다.

성역할 개념에 대한 교육은 어릴 때부터 이루어져야 한다. 우리 가족과 주변 친한 가족들을 사례로 들어 가정 내에서부터 평등한 성역할, 바람직한 가족 공동체의 모습에 대해 생각하고, 올바른 가치를 정립하는 기회로 삼는다.

아이의 생각을 깨우는 엄마의 질문

✔ (앞치마를 두른 엄마 vs 신문을 보는 아빠, 출근하는 엄마 vs 집안
일을 하는 아빠의 그림이나 사진을 보여주며) 이 사진(그림)을 보니
무슨 생각이 들어?

✔ (《돼지책》을 읽고 아빠와 아이들이 돼지로 변하는 장면에서) 왜 돼
지로 변했을까? 엄마가 왜 '너희들은 돼지야!'라고 말했을까?

✔ 《돼지책》의 마지막 장면에서 엄마의 표정이 행복하게 바뀐 이유는
무엇일까?

✔ 여자가 하는 일, 남자가 하는 일이 따로 정해져 있을까?

✔ (프랑스 사례를 들며) 집안일을 하지 않은 것이 범죄가 될 수 있을까?

생각 나누기

- 우리 가족 개개인의 역할에 대해 스몰토크 시작
- 집안일의 가치와 필요성에 대해 대화하며 집안일도 힘들고 중요
한 일이라는 인식을 갖게 하기
- '집안일은 여자의 몫'이라는 사회적 통념과 그런 통념이 생겨난
시대적·사회적 배경에 대해 알아보기
- 현대사회에서 여성의 사회참여 확대 사례를 주변에서 찾아보고

성평등의 개념과 실천 방법에 대해 질문하고 의견 나누기

- 우리집에서 엄마, 아빠, 나(아이)까지 성역할 구분 없이 평등하게 집안일을 하려면 어떻게 해야 할지 논의하기

직접 해봤더니

아이와 아이 친구를 데리고 진행한 이번 토론은 처음부터 생각의 차이가 극명했다. '우리집에서 집안일은 누가 하는가?'라는 첫 질문에 주로 엄마와 할머니가 집안일을 하는 모습을 보며 자라온 우리 아이는 '엄마'라고 답했다. 반면 미국 국적의 아빠가 재택근무를 하며 집안일의 상당 부분을 엄마와 나눠서 하는 집에서 자란 아이 친구는 '엄마와 아빠'라고 답해 대조를 이뤘다.

이와 같은 대답 차이가 발생한 이유가 무엇일까 생각해 보는 것부터 토론 활동이 시작됐다. '집안일=엄마 일'이라는 생각이 잘못되었고 집안일은 한 사람이 전담하는 일이 아니라, 가족 구성원 모두가 함께 해야 하는 일이라는 점을 안식시키는 방향으로 토론 수업을 진행했다. 다행히 외국에서 몇 년 살다 온 우리집 아이는 주변에서 '평등하게 집안일을 하는 가족'의 사례를 어렵지 않게 찾을 수 있었고, 그런 모습은 아이의 생각을 바로잡는 데 도움이 되었다. 나는 아이에게 지금 엄마가 집안일을 더 많이 하는 이유는 프리랜서로 일해서 시간 여

유가 있기 때문이며, 상황이 바뀌면 집안일을 다시 조정하는 게 공평하다는 점을 강조해서 설명했다.

주변 가족의 사례를 활용하되 극단적인 비교나 잘못된 점을 지적하기보다는 현재 사회적 인식이 점점 바람직한 방향으로 바뀌고 있음을 강조하면서 긍정적인 측면에서 대화했더니 아이의 자연스러운 인식 변화를 이끌어낼 수 있었다.

토론 정리 및 마무리

집안일의 가치에 대해 다시 한번 설명하고, 생각을 나누는 과정에서 오갔던 집안일과 가족 구성원들의 역할 분담, 평등한 가족 내 관계 등에 대해 차분히 정리하는 시간을 갖는다. 특히 우리집 상황에 따라 앞으로 집안일을 어떻게 분담하는 게 좋을지 나(아이)는 어떤 역할을 할 수 있는지 구체적인 방법을 얘기하고, 논의한 내용을 가족 모두가 공유하도록 한다.

후속 활동으로 아이가 집안일에 적극적으로 참여할 수 있도록 유도하고, 그때마다 '집안일을 나눠서 하니 힘들지 않고 좋다'라는 점을 강조하며 성역할에 대한 바른 인식과 태도를 기를 수 있게 한다.

확장해서 생각해 볼 문제

✔ (전업주부 남편의 사례를 제시하며) 전통적 성역할과 평등적 성역
  할은 무엇일까?

✔ 집안일의 가치를 돈으로 환산하면 얼마일까?

✔ 평등하다는 개념은 무엇인가?

✔ 집 밖에서 여자와 남자의 성평등은 어떻게 실현되어야 할까?

산타는 과학일까, 매직일까

토론 주제

난이도 ★★☆☆☆ 크리스마스 시즌에 적합한 주제

산타를 믿는 아이, 믿지 않는 아이 모두와 이야기를 나눌 수 있는 주제로 재미있는 토론을 할 수 있다.

준비 자료

• 선물 나눠주는 산타 속도는? … 과학과 함께 보내는 크리스마스
어린이동아, 2018년 12월 23일자

• 초속 2300km로 달리는 산타, 우리집 몇 시에 올까 궁금하다면…
서울신문, 2021년 12월 24일자

• 'Kids share theories on how Santa delivers presents-including teleporting and magic'
영국 〈미러(Mirror)〉지, 2021년 12월 6일자 ▶ 학부모 참고 자료

논제 요약

매년 크리스마스만 되면 아이들이 공통으로 품는 의문이 있다. '산타는 어떻게 하루 만에 전 세계 아이들의 집을 방문할 수 있을까?' '루돌프 코는 어떻게 밝게 빛날까?' '그 많은 선물을 어떻게 준비할 수 있을까?' 등등. 산타클로스를 '마법 같은 존재'라는 말로 이해시키기 어려울 때가 오면 보다 논리적이고 과학적인 '해명'이 필요해진다. 이런 궁금증은 비단 아이들에게만 국한된 게 아닌 거 같다. 세상에는 산타의 이동 속도, 루돌프 코의 진실에 대해 근거를 들어 설명하는 과학자들이 꽤 많다. 과연 이런 이론을 어디까지 받아들여야 할까?

❗**TIP** '산타가 있을까, 없을까'와 같이 존재 자체에 대한 찬반 토론도 좋지만, 그보다 '산타가 어떤 방식으로 존재하는가'에 대해 과학적 또는 비과학적 관점에서 상상해 보는 식으로 토론을 진행하는 것이 좋다.

기대 효과 및 방향성

크리스마스 시즌에 기대감으로 들뜬 아이와 흥미진진하게 대화해 볼 수 있는 최적의 토론 주제로, 산타와 과학을 연계해 생각해 보면서 '즐겁고 재미있는 과학의 세계'를 맛볼 기회가 된다. 이 토론을 통해 산타를 믿는 아이는 산타의 존재를 더욱 확신할 수도 있고, 존재 자체를 의심하는 아이는 산타클로스에 대한 과학 이론에 흥미를 느끼며 동시에 혹시 하는 희망을 품어보는 행복한 토론 활동이 될 수 있다.

상대성 이론 같은 과학적 접근이 어려운 나이대의 아이라면 구체적인 이론보다는 '빛처럼 빠른 속도로 움직이기 때문에 산타가 눈앞을 지나도 알아볼 수 없다'는 쉬운 설명으로 아이가 상상력을 발휘할 수 있도록 돕는다. 아이와 함께 애니메이션 〈클라우스(Klaus, 2019)〉를 본 후 '산타는 어떤 방법으로 어린이들에게 선물을 줄까?'라는 질문에 답을 찾아보는 것도 좋다.

아이의 생각을 깨우는 엄마의 질문

- ✔ 산타는 어떻게 굴뚝을 통과할 수 있을까? 굴뚝이 없는 집은 어디로 들어올까?
- ✔ 산타는 어떻게 하루 만에 전 세계 어린이들에게 선물을 나눠줄 수 있을까?
- ✔ 우리는 왜 산타를 볼 수 없는 걸까?
- ✔ 산타는 아이들이 갖고 싶은 선물을 어떻게 아는 걸까?
- ✔ 왜 아이들에게만 선물을 주고, 어른들한테는 안 줄까?
- ✔ 루돌프 코는 왜 반짝일까? 루돌프는 어떻게 날 수 있을까?
- ✔ 크리스마스 시즌이 아닐 때 산타는 무엇을 하며 시간을 보낼까?

✔ 산타는 처음부터 산타였을까? 언제 어떻게 산타가 됐을까? 산타의 어린 시절은 어땠을까?

✔ 언젠가 산타를 직접 만나볼 수 있을까?

생각 나누기

다양한 산타 이론

앨리스 효과 앨리스가 '드링크 미' 물약을 먹고 몸을 크거나 작게 만든 것처럼 산타도 신체를 자유자재로 바꿀 수 있다는 이론

매직 이론 산타에게는 특별한 마법이 있는 이론

그 밖에 수축·팽창부터 아인슈타인의 상대성 이론까지 과학에 근거한 다양한 산타 이론이 존재함

- 세상에 존재하는 수많은 산타 이론으로 호기심을 자극하는 스몰 토크 시작
- 산타의 존재를 믿는지, 만약 믿는다면 산타가 어떻게 존재할 수 있다고 생각하는지 다양한 근거를 들어 이야기하기
- 산타를 믿지 않는다면 그 이유가 무엇인지 근거를 들어 이야기하기
- 과학적 근거에 집착하지 말고 아이 눈높이에 맞춰 상상력을 충분히 발휘할 수 있도록 돕기

직접 해봤더니

아이가 초등학교 3학년 크리스마스를 맞았을 때 우리는 산타클로스의 존재를 커밍아웃했다. 이전 해부터 친구들의 이야기를 듣고 슬슬 산타의 존재를 의심한 아이에게 '있고 없음'의 이분법으로 산타의 존재를 알리고 싶지 않아서였다. 우리 부부는 소소한 의식을 준비하며 '그동안 산타클로스를 대신해 선물을 준 건 엄마 아빠지만, 산타는 어딘가 있을지도 모른다'라는 말로 상징적 존재로서의 산타를 아이 마음속에 남겨 두고자 했다. 아이의 실망은 이루 말할 수 없었지만, 우리 의도가 어느 정도 먹혔는지 아이는 그 후로도 '산타가 없다는 것을 증명할 수 없으니, 있을지도 모른다'라며 희망을 품었다. 이러한 경험 때문에 개인적으로 산타의 존재에 대한 토론을 더 기대했었다. 팽창이나 수축, 상대성 이론 같은 과학 원리에 대해 어느 정도 배경지식도 있던 터라 과학 이론에 근거해 '산타는 존재한다'는 아이의 믿음이 더 강해질지도 모른다는 예상도 했다.

이날 우리는 찬반 토론까진 아니지만 주로 나는 '존재하지 않는다'라는 입장에 치우쳐 이야기했고, 아이는 '존재한다'는 주장을 펼쳤다. 아이는 많은 과학자들이 산타에 대해 연구한다는 사실만으로 흥미로워하며 상대성 이론 등 산타의 존재를 증명하는 과학적 근거에 신이 난 모습이었다. 또한 매직이 있는 세상에 살고 싶다던 아이는 비과학적, 즉 마법 같은 존재로서의 산타도 충분히 가능하다고 주장했다. 그 근거로 투명 방패가 개발됐다는 뉴스를 가지고 대화했던 지난 토론 수업을 소환하면서 '산타의 매직'이 곧 최첨단 과학일 수도 있다는 발언을 하기도 했다.

산타를 주제로 토론한 이후 아이와 나는 종종 '존재 증명'을 두고 재미있는 대화를 하는 습관이 생겼다. 예를 들면 눈앞에 사과 그림을 두고 '이게 사과일까? 사과라는 걸 어떻게 증명할 수 있을까?'라는 식으로 이야기를 나누는 것이다. 실제 사과이기도 하고 사과가 아니기도 한 그림을 두고 하는 대화는 꽤나 흥미롭게 진행되는데, 제법 무게 있는 철학적인 대화로 발전할 때도 많다.

토론 정리 및 마무리

산타는 있는가, 있다면 어떻게 존재할 수 있는가에 대해 나누었던 대화와 근거들을 한 번씩 되짚으며 정리하는 시간을 갖는다. 산타의 존재를 믿을 경우 과학적이든 비과학적이든 아이가 더 강력하게 믿는 방향으로 '존재 이론'을 정리해주는 것이 좋다. 또한 아이가 제시한 이유 중에서 인상 깊었거나 참신했던 내용을 칭찬해주면서 아이가 자신감을 갖도록 한다.

끝으로 산타에 대한 각자의 경험을 공유하고 산타의 존재가 진짜인지 가짜인지와 상관없이 산타가 우리에게 주는 기쁨에 대해 이야기를 나누며 토론을 마무리한다.

확장해서 생각해 볼 문제

✔ 산타를 믿지 않는 친구들에게 산타의 존재를 어떻게 설명해주면 좋을까?

✔ 산타 이론을 뒷받침하는 '유리병에 달걀 넣기' 실험을 해 보며 산타의 존재를 증명하기(뚱뚱한 산타의 몸이 일시적으로 줄어들어 굴뚝을 통과할 수 있다는 사실을 설명)

✔ 준비 자료 중에 〈미러〉지에 실린 '산타 배달 이론' 설문 결과를 토대로 다른 나라 아이들은 산타에 대해 어떻게 생각하는지 알아보면서 즐거운 대화를 나누기

《미러》지에 실린 산타 배달 이론 설문 결과

1 산타는 세계의 모든 문을 여는 특별한 열쇠를 사용한다.

2 굴뚝을 타고 내려온다.

3 마술

4 순간이동

5 벽을 통과한다.

6 매우 빠르게 움직인다.

7 요정들이 돕는다.

8 시간 정지

9 세상 모든 사람을 잠들게 한다.

10 각 국가에 '선물 스테이션'이 설치되어 있다.

11 다른 산타들이 돕는다.

12 시간 되감기

13 수축 광선이 있다.

14 굴뚝을 더 크게 만든다.

15 뒷문으로 더 큰 선물을 가져온다.

AI 시대, 영어 공부를 꼭 해야 할까

토론 주제

난이도 ★ ★ ★ ☆ ☆   영어를 접해 봤거나 AI 개념을 이해하는 나이에 적합한 주제

'영어'와 'AI'가 결합되어 평소 과학, 기술 분야에 큰 관심이 없는 아이라도 흥미를 느낄 만한 주제이다.

준비 자료

- AI 통·번역 시대에도 영어는 배워야 한다

  한국일보, 2020년 11월 9일자

- 생활 속으로 들어온 AI 통번역 … 바벨탑 이전 시대로 돌아가나

  중앙일보, 2022년 5월 9일자 ▶ 학부모 참고 자료

논제 요약

AI(인공지능)의 발달로 외국어를 몰라도 외국인과 소통할 수 있는 시대가 되었다. 파파고, 구글 같은 번역 앱을 통해 영어뿐만 아니라 다양한 언어권의 사람들과도 의사소통이 가능해진 것이다. AI를 통한 통번역 기술은 앞으로 더 정교해질 것으로 예상되는 가운데, 앞으로 영어를 공부해야 할 필요가 있을까?

❗TIP '영어 공부가 필요하다 vs 필요 없다'로 나눠서 각각의 주장을 뒷받침할 수 있는 근거를 제시하며 찬반 토론을 진행하는 것이 좋다.

기대 효과 및 방향성

모든 공부는 스스로 필요성을 느껴서 자발적으로 학습할 때 효과적이다. 그러나 안타깝게도 부모들은 공부를 해야만 하는 이유를 찾느라, 아이들은 하지 않아도 될 이유를 찾느라 바쁘다. 이번 토론을 통해 영어 공부가 왜 필요한지, 어떤 장점이 있으며 우리 생활에 어떤 영향을 끼치는지 등을 스스로 고민해 보고, 학습의 필요성을 깨달을 수 있다면 그것만으로도 충분한 의미가 있다.

AI 같은 첨단 기술로 인해 달라질 미래 사회 모습을 예측해 봄으로써 자신의 미래 모습을 상상하는 데도 도움이 될 수 있다. 추후 해당 주제를 확장해서 영어 공부뿐만 아니라 다른 공부가 필요한 이유에 대해서도 이야기를 나눠보는 것도 좋다.

아이의 생각을 깨우는 엄마의 질문

✔ 영어 좋아해? (좋다면) 왜 좋아? (싫다면) 왜 싫어?
✔ 다른 나라의 언어를 왜 알아야 할까?
✔ 세상에는 얼마나 많은 종류의 언어가 있을까?
✔ 언어는 어떻게 만들어졌을까?
✔ 세상 모든 사람이 똑같은 언어를 사용한다면 어떨까?
✔ AI는 어떻게 수많은 언어를 알고 있을까?
✔ 똑똑한 AI가 우리를 도와준다면 아예 공부할 필요가 없지 않을까?
✔ 영어(외국어)를 잘하는 사람들은 어떤 점이 좋을까?
✔ 영어(외국어)를 잘하지 못하면 어떤 점이 불편할까?

생각 나누기 & 찬반 토론

- 영어가 선택이 아니라 필수인 글로벌 시대, AI 통번역 기술의 발달로 영어를 몰라도 영어로 의사소통이 가능해진 환경을 두고 서로의 의견을 공유한 뒤 영어 공부의 필요성에 대해 찬성과 반대

로 입장을 나눠 토론하기
- 역할을 바꿔가며 '필요하다'와 '필요하지 않다'는 양측 관점에서 사안을 생각해 보기
- 엄마가 '필요하다'는 입장일 때 영어 공부로 얻을 수 있는 크고 작은 효과를 이야기함으로써 아이가 영어 공부의 필요성에 대해 객관적으로 생각할 기회를 제공하기
- 반대로 '필요하지 않다'는 입장일 때는 아이를 도발하는 의견을 활발하게 개진함으로써 오히려 아이가 '필요하다'는 측면에서 적극적으로 그 이유를 찾아내도록 유도하기

직접 해봤더니

영어를 한국어만큼 잘하고 또 좋아하는 우리집 아이의 특성을 고려해서 나는 오히려 '영어 공부가 필요하지 않다'는 입장에 섰을 때 더 적극적인 자세를 취했다. 왜냐하면 아이는 여태껏 영어를 언어로 인식했을 뿐 '공부'로는 접근해 본 적이 없기 때문에 한 번쯤은 영어 공부의 필요성에 대해 생각해 볼 기회를 주고 싶었기 때문이다.

나는 안 그래도 공부할 게 많아 바쁜 시대에 AI의 도움을 받을 수 있는 분야까지 노력을 쏟을 필요가 있는지 의문이며, 기술의 발전은 최소한의 오류마저 없애는 것은 물론 인간보다 더 영리하게 진화하고

있으니 우리는 그 기술을 누리고 살면 된다고 주장했다. 아이는 매번 번역기를 쓰는 것은 매우 불편하고, 또 번역기는 말투나 뉘앙스 같은 것을 정확하게 표현하기 힘들기 때문에 상황에 따라 영어를 직접 구사할 수밖에 없다고 말했다. 또 자기가 독학으로 코딩 공부를 하는 것을 예로 들면서 한글로 검색했을 땐 나오지 않던 정보가 영어로 검색하면 훨씬 찾기 쉽다며 영어 공부의 필요성을 적극적으로 주장했다.

토론 정리 및 마무리

'영어 공부가 반드시 필요하다'는 결론으로 성급하게 마무리 짓지 말고, 영어 공부가 필요한 이유와 그렇지 않은 이유에 대해 다시 한번 언급하면서 토론 내용을 정리하는 시간을 갖는다. 토론 전후로 생각의 변화나 토론을 통해 새롭게 알게 된 사실이 있는지를 묻고 이와 관련해 각자의 의견을 나눈다.

찬반 토론이 끝난 뒤 '어떻게 공부해야 더 재미있고 효과적일까?' 하는 문제를 두고 서로의 생각을 나눠보는 것도 좋다.

확장해서 생각해 볼 문제

✔ AI가 보편화되는 미래 사회에는 어떤 직업이 사라지고, 어떤 직업이 인기가 있을까?

✔ 글로벌 시대 영어 공부가 필요하다는 것은 알겠지만, 다른 과목들도 꼭 공부해야 할까?

줄임말과 신조어 사용, 어떻게 생각해

토론 주제

난이도 ★ ★ ★ ☆ ☆ 줄임말과 신조어를 과도하게 사용하는 아이에게 적합한 주제

온라인상에서나 현실에서 한글을 줄여서 쓰거나 그런 또래 문화를 경험하고 있는 아이라면 평소 자신의 언어 사용을 점검해 볼 수 있는 기회가 된다.

준비 자료

- 청소년 신조어, 줄임말 사용 지나치다

  부산일보, 2022년 4월 18일자

- "오늘 가통 안 주면 엄크 빼박캔트" 이게 무슨 말?

  오마이뉴스, 2016년 8월 11일자

- "일탈요? 일상탈출 줄임말요" 심각한 고3 어휘력

  조선일보, 2021년 4월 19일자 ▶ 학부모 참고 자료

- [급식체 톡톡] '에바 쎄바 참치'를 아시나요

  동아일보, 2017년 12월 8일자

논제요약

세대를 막론하고 누구나 줄임말을 써 본 경험이 있을 것이다. 심지어 일부 줄임말은 아예 일상용어로 자리잡은 지 오래다. 줄임말 사용에 대한 지적은 어제오늘의 일이 아니지만, 갈수록 그 사용 실태가 과도해지면서 이대로 둬도 괜찮냐는 우려의 시선이 적지 않다. 줄임말을 사용하는 연령도 점점 더 어려져 이제는 유아, 초등 저학년들도 줄임말을 먼저 배우는 실정이다. TV와 미디어에서도 줄임말을 보편적으로 사용하고, 어른들이 일상적으로 줄임말을 사용하는 것도 아이들의 언어습관에 영향을 끼치고 있다. 일부에서는 한때 유행이라거나 젊은 세대의 문화, 재미있는 표현 정도로 선을 긋기도 하지만, 이미 과도한 줄임말 사용은 세대 간 소통을 막는 주범이 되고 있다. 거의 모든 문장에서 줄임말을 사용하는 젊은 세대와 청소년들의 언어는 나이 든 세대에게는 정체불명의 외계어처럼 들려 소외감을 느낀다고 한다. 과도한 줄임말 사용, 정말 이대로 괜찮을까?

❶TIP 줄임말 사용과 그로 인한 수많은 신조어의 등장을 하나의 문화 현상으로 봐야할지, 아니면 고쳐야 할 잘못된 언어습관으로 봐야 하는지 생각해 보는 기회로 삼는다. '줄임말을 사용하는 건 문제될 게 없다 vs 줄임말 사용은 하지 말아야 한다'를 주제로 찬반 토론으로 진행하되, 적절한 타협점을 찾는 것을 목표로 토론하는 것이 좋다.

기대 효과 및 방향성

아이들의 언어습관은 주변 환경을 통해 자연스레 습득된다. 옳고 그름에 대해 생각해 볼 겨를도 없이 친구가 하는 말, 선생님이 하는 말, 부모님과 가족들이 사용하는 언어를 스펀지처럼 받아들이는 것이다. 요즘 아이들의 낮은 문해력 수준이 사회적 문제로까지 대두되고 있는데, 어릴 때부터 줄임말을 많이 사용하다 보면 어휘력이나 문해력이 떨어지는 건 당연하다. 그렇다고 매번 아이의 줄임말 사용이나 잘못된 언어습관을 지적하자니 듣기 싫은 잔소리가 될 게 뻔해 어떻게 할지 고민이다. 그럴 때 해당 주제로 토론을 하면 아이 스스로 줄임말 사용에 대해 돌아볼 수 있는 기회가 되기 때문에 바른 언어습관을 형성하는 데 도움이 된다.

친구들 사이에서 흔히 사용하는 줄임말이나 온라인상에서 난무하는 '외계어' 수준의 줄임말을 사용한 대화를 바르게 '번역'한 대화와 비교해 보여주면서 사태의 심각성을 인지할 수 있도록 한다. 또 줄임말로 인해 어떤 문제가 발생하는지 예를 들어가며 토론하고, 그 과정에서 아이가 스스로 자신의 언어습관을 점검할 수 있도록 유도한다.

아이의 생각을 깨우는 엄마의 질문

✔ 우리가 흔히 쓰는 줄임말은 어떤 게 있을까?

✔ (줄임말이나 신조어를 예로 들며) 이런 말을 들어본 적 있어?

✔ 줄임말 때문에 친구의 말을 이해하지 못했던 경험이 있어?

✔ 줄임말이나 신조어 등은 주로 누가 만들어내고 퍼트리는 걸까?

✔ 미디어에서 줄임말을 쓰는 걸 어떻게 생각해?

✔ 너의 언어습관은 어떤 것 같아? 바르게 사용하고 있다고 생각해?

✔ 바른 언어습관은 왜 중요할까?

✔ 언어는 의사소통 외에 어떤 기능이 있을까?

✔ 맞춤법, 띄어쓰기와 같은 언어 규칙들은 왜 필요할까?

✔ 말을 줄여서 사용하는 것은 어떤 장단점이 있을까?

✔ 모든 표현이나 문장을 줄여서 사용한다면 어떤 일이 일어날까?

✔ 한글을 배우는 외국인 입장에서 줄임말을 접하면 어떤 기분일까?

생각 나누기 & 찬반 토론

• 주변에서 쓰이는 줄임말들, 신조어로만 이뤄진 알 수 없는 대화
  같이 아이가 흥미로워할 만한 사례를 보여주면서 스몰토크 시작

• 줄임말, 신조어 때문에 당황했던 경험이나 소통이 어려웠던 사례

들을 공유하면서 과도한 줄임말이 난무하는 현재 상황에 대해 의견 나누기

- 광고나 마케팅, 네이밍 같은 창의적인 아이디어가 필요한 경우 줄임말이나 신조어의 긍정적 역할에 대해서도 의견 나누기
- 각자 자신의 언어습관을 돌아보고 솔직하게 생각 나누기
- 충분한 사례를 통해 줄임말의 장단점에 대해 생각해 보고, 찬성과 반대 입장으로 나눠서 토론하기
- 찬성과 반대 입장을 번갈아 토론함으로써 양쪽 입장을 모두 이해하고, 스스로 바람직한 언어 사용의 필요성을 깨달을 수 있도록 유도하기
- 엄마가 반대 입장일 때는 아이가 미처 알지 못했던 과도한 줄임말 사용의 부작용 대해 피력하며 정보 공유하기

직접 해봤더니

평소에 한글 줄임말을 많이 사용하지 않는 편인 아이는 토론 자료에 나온 수많은 줄임말을 보며 놀라워했다. 아무리 유추해도 무슨 뜻인지 알 수 없는 표현들이 많았기 때문이다. 그러면서 토론하기에 앞서 줄임말 사용은 어린이들에게는 재미있는 놀이 정도이기 때문에 어른들이 괜히 심각하게 걱정할 필요가 없다는 '아이다운' 입장을 드러냈다.

나는 아이 생각을 수용해준 뒤 찬반 토론을 통해 생각의 변화를 꾀하는 전략을 취했다. 언어는 의사 표현의 도구인 것을 넘어 한 사람의 생각과 인격 형성에도 큰 영향을 끼친다는 것, 특히 말을 잘 배워야 할 나이에 줄임말이나 신조어를 많이 쓰면 어른이 됐을 때도 제대로 된 언어를 구사하지 못할 수도 있다는 것, 줄임말로 인해 오해가 생기거나 본의 아니게 실수하는 일도 생길 수 있다는 것, 가족 간에 말이 통하지 않아 사이가 멀어질 수도 있다는 것 등을 근거로 제시하며 과도한 줄임말 사용에 대한 경각심을 느끼게 한 것이다.

찬반 토론이 끝나고 마무리할 때쯤 아이의 생각은 '재미를 위해 어느 정도 줄임말을 쓸 수 있지만, 모든 사람이 다 알고 이해할 수 있는 정도, 즉 사회적 합의가 이루어진 표현만 쓰는 게 좋겠다'라고 변화되어 있었다. 또한 자신이 생각 없이 사용하던 줄임말이나 신조어가 문제가 될 수도 있다는 걸 깨닫는 수업이었다며, 앞으로 언어 사용을 조심해야겠다는 다짐도 했다.

최근에는 '마기꾼(마스크 사기꾼)'과 '마해자(마스크 피해자)'라는 신조어를 알게 되어 아이와 이야기를 나누던 중에 "그런데 '마기꾼'은 '사기꾼'이란 단어를 너무 가볍게 생각하게 만드는 부작용이 있는 것 같아. 이런 게 줄임말의 안 좋은 점이지."라며 이번 토론 내용을 상기시킨 적도 있다.

토론 정리 및 마무리

찬성과 반대 의견이 어느 정도 충분히 제시됐다면 다시 한번 간략하게 정리하면서 줄임말 사용에 대해 결론을 내리는 시간을 갖는다. 토론에서는 맞고 틀리고가 없으므로 '사용해야 한다 혹은 사용하면 안 된다'는 식의 결론이 아니라 '어느 정도가 적정선인가 혹은 어떤 방식으로 사용하는 게 적절한가'라는 방향으로 문제를 고민하고 생각을 나눈다. 이때 엄마보다는 아이가 먼저 의견을 제시하게끔 하고, 아이 의견에 공감해주면서 부족한 부분을 첨언하거나 오류라고 생각되는 부분을 지적해준다. 주제가 주제이니만큼 토론 정리 및 마무리 내용을 엄마의 일방적인 강요가 아니라 토론의 결과로 인식할 수 있도록 주의를 기울이는 것이 좋다.

마지막으로 아이 스스로 자신의 언어습관을 점검하고, 바른 언어를 사용할 수 있도록 아이를 칭찬하고 격려해준다. 가능하다면 언어가 곧 인격이자 품격이라는 사실을 한 번 더 인지시키고, 우리말에 자부심을 느낄 수 있는 대화 시간을 가져본다.

확장해서 생각해 볼 문제

✔ 청소년들의 비속어 사용에 대해 어떻게 생각해?

✔ 미디어에서 비속어, 줄임말을 사용하는 것은 사람들에게 어떤 영향을 끼칠까? 미디어를 받아들일 때 우리는 어떤 자세와 태도를 취해야 할까?

✔ 일상 속에서 외래어, 외국어가 마구 사용되는 것에 대해 어떻게 생각해?

모기를 멸종시키는 유전자 조작 모기, 어떻게 생각해

토론 주제

난이도 ★ ★ ★ ☆ ☆   모기 때문에 고생해 본 아이라면 누구나 흥미로운 주제

과학적인 지식이 필요한 주제이지만 어떻게 진행하냐 따라 쉽고 재미있게 토론할 수 있다. 경우에 따라서 유전자 조작 기술 및 유전자 가위 같은 문제로 확대해서 더 난도 높은 토론도 가능하다.

준비 자료

• 전염병 막는 유전자 조작 모기 방출 논란 "전염병 박멸에 도움" vs "위험한 방법"

어린이동아, 2022년 3월 28일자

• 모기 박멸 실험 성공…감염병 감소 가능할까?

YTN사이언스 투데이, 2022년 4월 26일자

• 매년 모기에 물려 100만명 사망…인류와 모기의 전쟁, 언제 끝날까

세계일보, 2021년 6월 5일자

• "모기 없애려고…" 황당한 연구, 더 큰 재앙 온다?

헤럴드경제, 2021년 8월 2일자

논제요약

여름철 불청객인 모기. 누구나 한 번쯤은 모기에 물려 괴로웠던 경험
이 있을 것이다. 모기는 우리가 생각하는 것 이상으로 많은 해를 끼치
는 곤충이다. 말라리아, 댕기열, 지카 바이러스 같은 전염병을 전파해
수많은 사람들을 사망에 이르게 하기 때문이다. 특히 아프리카 대륙
에서 모기는 더 치명적이다. 모기 박멸을 위한 과학자들의 연구가 계
속되는 가운데 최근 새로운 방식으로 모기 개체 수를 줄이는 데 성공
하여 주목을 받고 있다. 이 새로운 방식은 유전자 편집 기술을 이용해
사람의 피를 빨아먹고 전염병을 퍼트리는 암컷 모기를 없애고 수컷
모기만 살아남게 하는 식으로 모기의 개체 수를 줄이는 방식이다.

2021년부터 유전자를 조작한 모기를 자연에 풀어놓고 개체 수 변화
를 관찰해왔는데, 얼마 전 모기 개체 수 감소에 확실한 효과가 있었
다는 미 연구팀의 발표가 있었다. 살충제 같은 기존의 모기 퇴치 방
법과 차원이 다른 시도로 모기를 매개로 한 전염병 예방에 얼마나 효
과를 볼 수 있을지 기대가 커지고 있다. 그러나 한편으로는 모기의
유전자 조작이 다른 부작용을 불러오지 않을지, 생태계 환경에는 안
전한 것인지, 모기가 박멸된다고 말라리아 같은 전염병이 지구상에
서 완전히 사라질 수 있는 것인지에 대한 의문을 제기하면서 이와 같
은 방법을 반대하는 목소리도 높다. 유전자 조작을 통해 모기를 박멸

하는 방식은 우리에게 어떤 영향을 끼칠까?

❗TIP '해충인 모기를 없애기 위해 유전자 조작이라는 인위적 방식을 쓰는 게 좋을까, 좋지 않을까?'를 논제로 찬반 토론이 가능하다.

기대 효과 및 방향성

모기라는 대상 자체가 아이들에겐 일상적이고 '할 말'이 많은 주제 중 하나다. 그래서 유아기부터 초등 고학년까지 나이와 상관없이 즐겁게 토론할 수 있다는 장점이 있다. 소재는 쉽지만, 내용은 다분히 교육적이란 점에서도 훌륭한 토론거리가 된다. 해충과 익충을 구분하는 것부터 시작해서 전염병의 매개체가 되는 동물, 유전자 조작의 개념과 방식, 과학의 발전과 인류 발전의 상관관계, 환경 변화와 생태계 관계에 이르기까지 토론할 수 있는 주제는 무궁무진하다. 해당 논제를 통해 과학 분야에 관심을 갖게 할 수 있으며, 다른 분야도 더 알아보고 싶은 호기심과 욕구를 자극할 수도 있다.

유전자 조작 모기와 관련해 텍스트 자료뿐만 아니라 도표나 영상 같은 시청각자료를 활용하면 더욱더 재미있게 토론할 수 있다. 토론을 진행하는 동안 아이의 질문과 호기심을 놓치지 말고 필요할 때마다 함께 검색하고 찾아보면서 같이 공부하는 시간으로 삼으면 좋다.

아이의 생각을 깨우는 엄마의 질문

✔ 모기는 100퍼센트 해롭기만 한 곤충일까? 모기는 어떤 식으로 전염병을 옮기는 걸까?

✔ 아프리카 대륙에서 모기로 인한 전염병이 더 흔하게 발생하는 이유는 뭘까?

✔ 지구상에서 모기가 완전히 사라진다 해도 아무런 문제가 없을까?

✔ 암컷 모기가 사라지면 왜 모기는 멸종하게 되는 걸까?

✔ 과학자들은 왜 모기를 없애는 연구를 하고 있을까?

✔ 자연적으로 생긴 모기를 인위적 방법으로 없앨 때 이로운 점이 클까, 문제점이 많을까?

✔ 모기가 사라지면 감염병을 얼마나 줄일 수 있을까?

✔ 살충제로도 모기를 없앨 수 있는데 굳이 유전자를 조작하는 방법을 써야 할까?

✔ 모기를 멸종시키는 이 방법은 결국 성공할 수 있을까?

✔ 모기 말고 다른 경로로 전염되는 전염병이나 바이러스에도 이런 방법을 적용할 수 있을까?

생각 나누기 & 찬반 토론

- 모기로 괴로웠던 경험에 대해 스몰토크 시작
- 모기가 왜 대표적인 해충인지, 전염병을 어떻게 옮기는지, 인간에게 얼마나 안 좋은 영향을 끼치는지에 대해 정보 공유하기
- 모기 박멸을 위한 과학자들의 노력이 최근 어떤 결실을 맺었는지 해당 연구에 대한 정보 공유하기
- 유전자 조작 기술에 대해 아이의 나이를 고려하여 설명하고, 이런 인위적인 방법을 썼을 때의 효과와 문제점에 대해 생각해 보기
- 인위적 방법을 쓰더라도 모기를 박멸하는 게 좋다 vs 어떤 부작용이 생길지 모르니까 이런 방법을 쓰지 말아야 한다로 나눠서 각각 찬성과 반대 입장을 번갈아 가며 토론하기

직접 해봤더니

모기 알레르기가 있어 여름마다 고생하는 아이는 유전자 조작으로 모기를 박멸할 수 있다는 뉴스에 열광하며 토론 시작 전부터 절대 찬성의 뜻을 보였다. 비슷한 주제를 다룰 적에 '생태계와 환경에 끼칠 영향을 생각해서 조심스럽게 접근해야 한다'는 신중론자였던 것과는 극명하게 다른 태도를 보인 것. 그래도 토론이 끝난 뒤에는 전 세계에

적용하기 전에 안전성 확보를 위해 더 많은 연구가 진행되어야 한다는 정도로 처음보다 균형 있는 시각이 반영된 의견을 내놓았다.

이날 우리의 토론은 모기 멸종에서 '유전자 조작'이라는 큰 카테고리로 넘어가 많은 이야기들을 주고 받았다. 예전에 유전자 조작 식품(GMO)에 대해 토론한 적이 있기 때문에 '유전자 조작 기술이 인류에게 어떻게 작용할 것인가'를 두고 긴 시간 이야기가 꼬리에 꼬리를 물고 이어졌던 것. 이후 유전자 문제에 관심이 커진 아이와 유전자 가위 기술을 주제로 찬반 토론을 진행했는데, 이미 관련 정보가 많이 쌓여 있는 덕분에 한층 더 흥미롭고 깊이 있는 토론을 할 수 있었다.

토론 정리 및 마무리

유전자 조작을 통해서라도 모기를 완전히 없애는 것이 좋다는 입장과 반대로 아직 확실히 검증되지 않은 방식으로 한 개체를 멸종시키는 것은 위험하다는 입장에서 제시한 근거들을 간략하게 정리하여 공유한다. 양측 입장을 절충할 수 있는 의견이나 '더 많은 연구를 진행한 후 실행해야 한다'와 같은 보완 의견이 있다면, 이와 관련해서 좀 더 이야기를 나눠도 좋다. 과학자들이 하는 일이 생각보다 우리 일상과 밀접한 연관이 있다는 사실을 주지시키며 과학에 대한 관심과 호기심을 높이는 발언으로 토론을 마무리한다.

확장해서 생각해 볼 문제

✔ 기후변화와 모기는 어떤 관계가 있을까?

✔ 유전자 조작 식품은 어떻게 탄생했을까? 어떤 장단점이 있을까?

✔ 유전자 조작 기술은 인류에게 어떤 영향을 끼칠까?

✔ 과학의 발전은 세상을 이롭게 하는 게 맞을까? 또 어디까지 허용되어야 할까?

✔ 유전자 가위는 무엇이며, 그로 인해 우리 미래는 어떻게 달라질까?

전통이란 이름의 돌고래 사냥, 어떻게 받아들여야 할까

토론 주제

난이도 ★★★★☆☆ 환경문제나 글로벌 이슈에 관심이 많은 아이에게 적합한 주제

초등 저학년 아이와도 활발하게 이야기를 나눌 수 있는 가치 토론 주제이다.

준비 자료

- 700년 전통 때문에…돌고래 1500마리 '떼죽음'

  헤럴드경제, 2021년 9월 15일자

- 하루 만에 1428마리…페로제도 돌고래 사냥의 비참한 최후에 경악

  한국일보, 2021년 9월 18일자

- 돌고래에 대한 치명적 오해

  한국일보, 2018년 12월 17일자 ▶ 학부모 참고 자료

- 다큐멘터리 〈씨스피라시(Seaspiracy, 2021)〉

논제요약

아이슬란드 인근의 페로제도는 돌고래 사냥이 합법화된 곳 중 하나 이다. 식량 확보차 시작됐던 돌고래 사냥을 지금은 전통이라는 이 름으로 수백 년이 넘는 기간 동안 계속해오고 있는 것. 연평균 600 마리의 돌고래를 사냥해오다가 2021년 9월에는 단 하루 동안 무려 1400마리가 넘는 돌고래를 도살해서 전 세계를 충격에 빠뜨렸다. 유 난히 잔인한 학살에 수많은 언론과 단체에서 비난을 퍼부었지만, 페 로제도 측은 그날의 사냥이 과했다는 것을 인정하면서도 엄연히 돌 고래 사냥은 합법이며, 페로제도의 공동체 의식을 보여주는 전통이 자 중요한 문화적 관습이라고 주장했다. 또 돌고래의 척수를 자르는 특별한 창을 이용해 1초 만에 죽이기 때문에 돼지나 소를 감금해서 사육하고 도축하는 것보다 '인도적'이라는 주장도 덧붙였다. 그러나 전통이라며 돌고래 사냥을 옹호하는 페로제도 측과는 달리 해양환경 보호단체인 씨 셰퍼드(Sea Shepherd)는 매해 페로제도에서 열리는 그 라인다드랍 페스티벌(Grindadrap Festival)이 무질서한 돌고래 학살로 이어질 수 있다며 강하게 비판하고 있다.

❶TIP '돌고래 사냥을 전통으로 인정할 것인가 vs 없어져야 할 악습으로 볼 것인가' 하는 문제를 두고 찬반 토론을 진행할 수 있다. 해당 논제를 환경 이 슈로 확대해 폭넓은 이야기를 나눠보는 것도 가능하다.

기대 효과 및 방향성

환경문제는 아이들이 교과서 안팎에서 흔하게 접하는 주제이다. 환경 지키기, 환경 보호에 대해서는 이견이 있을 수 없으므로 찬반 토론 자체가 어렵지만, 이번 주제는 전통이라는 부차적인 이슈가 추가되면서 다양한 관점에서 문제를 생각해 볼 수 있는 기회가 된다. 합법한 사냥과 동물 학살, 오랜 전통과 생태계 파괴라는 이슈가 부딪쳤을 때 어느 가치를 더 우선할 것인가에 따라 의견이 갈린다.

페로제도의 돌고래 사냥을 둘러싼 찬반 토론에 이어 바다 생태계, 더 나아가 전 세계가 직면한 환경문제에 대해 진지하게 고민하고 이야기를 나눠보는 것도 좋다. 토론은 머릿속으로 생각하던 것을 행동으로 옮기는 긍정적인 효과도 있기 때문에 환경을 주제로 한 토론은 이후 생활 속 실천으로 이어지는 파급력을 갖는다.

아이의 생각을 깨우는 엄마의 질문

✔ 고래가 어류가 아닌 포유류인 근거는 무엇일까?

✔ 고래는 어떻게 해서 바닷속에 살게 됐을까?

✔ 돌고래에 대해서 아는 대로 말해볼까?

✔ 전통이란 무엇일까? 전통과 인습의 차이는 뭘까?

✔ 페로제도에서는 돌고래를 사냥하는 전통이 왜 생겨났을까?

✔ 수백 년간 이어져온 전통은 모두 존중받아야 할까?

✔ 합법이라면 돌고래를 사냥해도 되는 걸까?

✔ 고통을 최소화하는 사냥 방식이 무슨 의미가 있는 걸까?

✔ 지속가능한 사냥이라는 건 무슨 뜻일까?

생각 나누기 & 찬반 토론

- 페로제도에서 돌고래 사냥이 시작된 배경과 이와 관련한 최근 논란에 대한 정보를 공유하고, 그런 전통이 시작됐던 시절과 현재의 시대적·문화적 차이에 대해 생각해 보기
- 전통과 인습의 차이를 알아보고, 돌고래 사냥을 전통으로 볼 수 있을지 논의해 보기
- 페로제도의 돌고래 사냥과 일본 다이지 마을의 고래 사냥을 비교해 보기
- 멸종 위기 동물이 아니라는 이유, 합법이란 이유, 고통을 최소화하는 사냥 방식이라는 이유가 돌고래 사냥을 정당화하는 근거가 될 수 있을지에 대해 생각 나누기
- 오랜 전통이 그 나라 사람들에게는 어떤 의미가 있을까 생각해 보고, 전통을 유지하고 없애는 문제에 대해 다른 나라 사람이 관

여할 수 있을지 의견 나누기
* 돌고래 사냥을 환경문제와 연관 지어 이야기해 보기

직접 해봤더니

아이는 무분별한 돌고래 사냥을 반대하는 입장에 섰을 때 더 활발히 의견을 개진했다. 그간 동물권을 주제로 토론한 경험과 다큐멘터리 〈씨스피라시〉에서 얻은 배경지식을 바탕으로 동물권 보호, 생태계 보호, 돌고래가 지구 환경에 끼치는 긍정적 영향 등을 근거로 들어 전통이라는 이름으로 돌고래 사냥을 허용해선 안 된다는 입장을 밝혔다. 또 고통이 덜한 사냥 방식이라는 주장도 학살을 정당화할 수 없다고 강조했다. 다만 오랫동안 유지해온 전통을 하루아침에 없애라고 하는 건 받아들이기 어려울 것 같다면서 개체 수를 정해서 딱 그 정도로만 사냥하고 점점 그 수를 줄여가는 방식으로 조금씩 양보하는 방법을 추가로 제시했다.

돌고래 사냥이라는 나쁜 전통은 하루라도 빨리 폐지해야 한다고 주장하지 않을까 했던 나의 예상과는 달리 페로제도의 입장을 고려해 절충안은 제시한 것도 이 토론의 유의미한 결과였다.

토론 정리 및 마무리

돌고래 사냥을 전통으로 인정하고 받아들일 것인가, 당장 사라져야 할 악습으로 봐야 할 것인가에 대한 각각의 의견과 그에 따른 근거를 정리해 공유한다. 또한 대척점에 서 있는 양측 입장이 타협할 여지가 있는지, 어떻게 중재할 수 있을지에 대한 아이디어도 공유해 본다. 본격적으로 찬반 토론을 하기 전과 끝난 후에 생각의 변화가 있는지, 있다면 어떤 이유 때문인지 아이의 생각을 들어보는 시간도 필요하다. 끝으로 바다 생태계를 보호하는 문제, 나아가 지구 환경을 지키는 문제에 관해 질문을 던지고, 우리가 끊임없이 관심을 갖고 노력해야 하는 사안이라는 점을 다시 한번 강조하며 토론을 마무리한다.

확장해서 생각해 볼 문제

- 물개, 물범, 바다사자, 북극곰, 바다코끼리, 해달 등 바다에 서식하는 포유류에 대해 알아보기
- 동물권에 대해 이야기 나누기
- 인간과 동식물, 환경이 서로 공존하려면 어떤 노력을 해야 할까?

내 얼굴을 한 로봇, 괜찮을까

토론 주제

난이도 ★★★★☆☆ 과학 기술의 발달과 과학 윤리에 대해 생각해 볼 수 있는 주제

로봇이나 인공지능 관련 배경지식을 갖춘 초등 고학년에게 적합한 주제지만, '로봇과 나의 얼굴'로 단순화해서 초등 저학년이나 유치원생과도 토론이 가능하다.

준비 자료

- "당신의 얼굴, 2억원에 파실래요?" 파는 순간 무슨 일이

  헤럴드경제, 2021년 11월 29일자

- 로봇에 얼굴 빌려주면 2억원…당신이라면?

  연합뉴스, 2021년 12월 11일자

- 사람 얼굴 가진 로봇 아메카…'불쾌한 골짜기' 벗어날까

  아시아경제, 2022년 1월 10일자 ▶ 학부모 참고 자료

논제 요약

사람의 형태를 한 휴머노이드 로봇이 진화하고 있는 가운데, 고난도의 기술이 요구되는 '사람의 얼굴을 가진' 로봇도 점점 발전하고 있다. 2022년 초에 열린 세계 최대의 가전제품 전시회 'CES2022'에서 공개된 휴머노이드 로봇 '아메카'는 얼굴 형태를 닮은 것에서 한발 더 나아가 인간처럼 감정을 표현하는 기능에 중점을 두고 만들어져 큰 화제를 모았다.

비슷한 시기인 2021년 말에는 로봇에게 얼굴을 '영원히 빌려주는' 대가로 20만 달러를 지불하겠다는 로봇 업체도 등장했는데, 이 모집 광고에 불과 며칠 만에 2만 명가량이 지원한 것으로 알려졌다. 모델로 선정되면 자신의 얼굴과 몸을 3D 스캐닝하고, 음성 자료를 위해 100시간 목소리 녹음도 해야 한다고 한다. 무엇보다 중요한 건 모델이 되면 자신과 똑같은 얼굴을 한 로봇이 거리를 돌아다닐 수 있다는 점을 감안해야 한다는 사실이다. 로봇에게 내 얼굴을 빌려줄 수 있을까? 빌려줘도 아무런 문제가 없을까?

❗TIP '로봇에게 내 얼굴을 영원히 빌려줄 수 있을까'를 주제로 찬반 토론을 진행할 수 있다. 또한 기술이 더 발전해 인간과 똑같이 생긴 로봇이 탄생한다면, 그들과 공존할 수 있는지에 대해 논의해 보는 것도 좋다.

기대 효과 및 방향성

로봇은 많은 아이들이 과학적 호기심에 입문하는 첫 번째 대상이다. 그만큼 로봇을 소재로 한 많은 대화와 토론이 가능하다. '로봇에게 내 얼굴을 빌려줄 수 있을 것인가'의 문제는 단순히 흥미 차원을 넘어 로봇과 공존하게 될 미래 세상에서 야기될 많은 문제점, 특히 윤리적인 부분을 생각해 볼 수 있는 최적의 주제이다. 얼굴을 빌려준다는 개념, 그 비용으로 제시된 금액, 사람과 똑같이 생긴 로봇의 탄생 등 아이의 호기심을 자극할 만한 많은 이슈들이 포함되어 있기 때문에 다양한 의견을 주고받으며 흥미진진하게 토론할 수 있다.

텍스트 자료뿐만 아니라 영상이나 사진 같은 시청각자료를 활용하면 아이의 흥미를 불러일으켜 적극적으로 토론에 임하게 된다. 무엇보다 아이가 상상력을 발휘하며 토론할 수 있도록 중간중간 질문을 던져서 호기심을 자극하는 것이 중요하다. 대부분의 아이들은 로봇을 친근하게 여기기 때문에 해당 이슈에 대해 긍정적으로 생각하는 성향이 강하다. 따라서 로봇으로 인해 사회적·윤리적 문제가 발생할 수도 있다는 점을 인지시키고, 다른 관점에서 논제를 생각해 보도록 이끌어줘야 한다. 로봇에서 시작해 과학 전반에 걸쳐 이야기를 나누기 좋은 주제이므로 해당 논제에 집착하기보다는 아이의 호기심을 따라가며 주제를 넘나드는 방식도 좋다.

아이의 생각을 깨우는 엄마의 질문

✔ 휴머노이드 로봇과 그냥 로봇의 차이가 무엇일까?

✔ 우리 주변에서 찾을 수 있는 로봇은 어떤 게 있을까?

✔ 로봇은 다 착하다고 할 수 있나?

✔ 사람 얼굴을 한 로봇을 굳이 만드는 이유가 뭘까?

✔ 진짜 사람과 똑같이 생긴 로봇이 우리 주변을 돌아다닌다면 어떨까?

✔ 똑같은 형태를 하고 있을 때 로봇과 사람을 구분할 수 있는 기준은 무엇일까?

✔ 왜 사람 얼굴을 로봇에게 빌려줘야 할까? 로봇만의 얼굴을 새로 만들 수는 없나?

✔ 사람 얼굴을 한 로봇은 어떤 문제가 있을까?

✔ 로봇과 함께 살게 될 미래 세상은 어떤 모습일까?

생각 나누기 & 찬반 토론

- 휴머노이드 로봇이 무엇인지 알아보고, 어떻게 발전해 왔는지에 대해 정보 공유하기
- 2022년 현재 휴머노이드 로봇은 어떤 모습인지 알아보고, 이에 대한 각자의 생각 나누기

- 굳이 사람 얼굴을 '빌려서' 로봇의 얼굴을 만드는 이유가 무엇일지 생각해 보기
- 어떤 얼굴이 로봇의 얼굴로 적합하다고 생각하는지 서로의 의견 나누기
- 돈을 받고 '얼굴을 영원히 빌려주는' 광고에 응모한 사람들은 어떤 마음이었을지 짐작해 보고, 이에 대한 의견 나누기
- 만일 나라면 로봇에게 얼굴을 빌려줄 수 있을까 생각해 보고, 나와 똑같이 생긴 로봇들이 세상에 많다면 어떤 장단점이 있을지 이야기해 보기

직접 해봤더니

어려운 주제가 아닌데도 그 어느 때보다 깊이 있는 토론이 이루어진 시간이었다. 우리가 상상하는 것들이 언젠가 현실이 될 수 있다고 강하게 믿는 아이는 머지않은 미래에 사람과 똑같이 말하고 움직이는 로봇이 탄생할 것이라고 확신하면서도, 그 상황이 별로 달갑지 않은 눈치였다. 그러면서 로봇은 어디까지나 인간을 돕는 존재라야 하고, 인간을 넘어서거나 심각한 사회적 문제를 일으킬 수 있는 기능은 사전에 차단해야 한다는 의견을 내놓았다. 나아가 과학의 발전은 계속되겠지만 어디까지 진화할지 두려운 게 사실이라며, 세상을 혼란하

게 하는 과학 기술의 개발을 제한하는 사회적 약속이 필요하다는 의견도 덧붙였다.

이런 생각을 가진 아이는 자신의 얼굴을 로봇에게 빌려주는 것에 대해 강하게 반대했다. 처음에는 선한 의도였다 해도 나중에 어떻게 악용될지 모른다는 점을 근거로 들었다. 또 20만 달러, 우리 돈으로 2억 3천만 원이라는 돈이 얼굴을 영원히 빌려주는 대가로는 지나치게 적은 것 아니냐는 지적을 하기도 했다.

토론 정리 및 마무리

토론 내용을 아이의 나이와 레벨에 맞춰 다시 한번 정리해 언급하고 토론용이 아닌 아이의 실제 생각은 어떤지, 토론 전후로 생각의 변화가 있는지 물어본다. 필요하다면 아이의 과학적 호기심과 상상력을 자극하는 추가 질문을 던지면서 추후 비슷한 주제로 다시 토론할 수 있다는 여지를 주는 것도 좋다.

로봇에게 얼굴을 빌려주는 문제에서 확장해 과학과 미래, 사회적·윤리적 갈등 같은 심도 있는 이야기가 오갔다면, 제시된 의견들을 모아서 정리한 뒤 아이가 던진 질문이나 제기한 문제를 칭찬하면서 깊이 있는 사고를 이어나갈 수 있는 토대를 다져준다.

확장해서 생각해 볼 문제

✓ AI(인공지능)란 무엇이며, 어디까지 발전했을까?

✓ AI 로봇과 AI 가상인간은 어떻게 다를까? 현재 활동 중인 가상인간
은 누가 있을까?

✓ 인공지능을 장착한 로봇은 어디까지 발전할까?

✓ 로봇이 인간을 뛰어넘는 일이 가능할까?

✓ 로봇이 대중화되는 시대에 인간은 어떤 역할을 하게 될까?

장애인 이동권을 위한 지하철 시위, 어떻게 봐야 할까

토론 주제

난이도 ★ ★ ★ ★ ★ ★ 사회문제에 관심이 있는 초등 고학년에 적합한 주제

갈등, 배려, 더불어 살기 등의 가치문제를 고민하고 더 나은 세상을 만들기 위한 방법을 모색해 볼 수 있다.

준비 자료

* [5.1%의 눈물] 그들은 왜 지하철을 세웠나…전장연의 절규

  뉴시스, 2022년 5월 7일자

* "불법" vs "헌법 권리" 이준석·박지현, 전장연 시위 놓고 '정면 충돌'

  뉴시스, 2022년 3월 28일자

* '지하철역서 휠체어 직접 타보니'…갈길 먼 장애인 이동권

  연합뉴스TV, 2022년 4월 10일자

* 보청기 착용 바비인형 출시…"장난감에도 다양성을"

  이데일리, 2022년 5월 13일자

* 영화 〈원더(Wonder, 2017)〉를 비롯한 장애인 캐릭터가 등장하는 동화책, 애니메이션 등

논제요약

2022년 3월, 정치권은 전장연(전국장애인차별철폐연대)의 장애인 이동권 보장을 위한 지하철 시위를 두고 정반대의 목소리를 내며 충돌했다. 출퇴근길 시위로 시민들의 불편이 가중되는 것에 대해 국민의 힘 이준석 대표는 '선량한 시민 대다수를 볼모로 한 불법 시위'라며 강하게 비난했고, 이에 대해 더불어민주당 박지현 비상대책위원장은 '장애인들이 왜 지하철에서 시위하는지 목소리를 제대로 들어야 한다'며 받아쳤다. 시민들의 반응도 엇갈렸다. 많은 사람들에게 불편과 혼란을 주는 시위 방식에 대해 비판하는 이들과 비난을 감수하며 그럴 수밖에 없는 절실함을 봐야 한다는 이들로 나뉜 것이다. 우리는 이 문제를 어떻게 바라봐야 할까?

❗TIP 장애인 지하철 시위에 대해 찬성과 반대 입장으로 나눠서 토론을 진행할 수 있다. 더 나아가 장애인들의 삶을 얼마나 이해하고 있는지, 장애인과 비장애인이 더불어 사는 세상을 위해 어떤 노력을 해야 하는지 가치적인 문제도 함께 논의하면 좋다.

기대효과 및 방향성

어릴 때 바른 가치관을 형성해야 성숙한 어른으로 성장한다. 가치관은 다양한 경험을 바탕으로 한 생각과 고민의 결과물로 한 사람의 인품과 인격에서도 중요한 요소이다. 따라서 자기중심적 사고를 벗어난 초등 고학년 시기에 가치문제를 고민해 보는 토론 활동은 그 어떤 배움보다 중요하다. 이러한 맥락에서 장애인의 지하철 시위를 놓고 벌어지는 사회 구성원들 간의 갈등은 다소 무겁더라도 아이들과 토론하기 좋은 주제이다. '장애인 인식개선 교육'의 차원에서 아이들을 대상으로 한 교육이 다양한 형태로 이뤄지고 있지만, 실질적인 사안을 놓고 엄마와 의견을 주고받는 토론 활동은 아이가 능동적이고 자발적인 태도로 바른 가치관을 정립해 나갈 수 있다는 장점이 있다.

'장애인 지하철 시위'라는 뜨거운 이슈를 두고 첨예하게 대립하는 양측 입장을 모두 경험하는 찬반 토론을 통해 균형 잡힌 시각을 갖도록 유도한다. 아울러 장애인과 비장애인이 함께 어울려 살아가는 세상은 어떠해야 하는지, 우리가 어떤 노력을 기울여야 하는지 서로의 생각을 나눠본다.

아이가 어리다면 장애인 캐릭터가 등장하는 동화책이나 애니메이션을 함께 보고, 장애인 친구를 향한 시선이나 차별 없이 누릴 수 있는 권리 등을 주제로 이야기를 나눠보는 것만으로 좋은 교육이 된다.

아이의 생각을 깨우는 엄마의 질문

✔ 주변에서 장애인을 본 경험을 이야기해 볼까?

✔ 생각보다 장애인을 많이 볼 수 없는 건 왜일까?

✔ 장애인을 보면 어떤 생각이 들어?

✔ 장애인은 비장애인을 바라볼 때 어떤 생가을 할까?

✔ 장애인은 모두 태어날 때부터 장애인일까?

✔ 장애인은 생활하는 데 어떤 불편함이 있을까?

✔ 출퇴근길 시위로 인해 시민들이 느끼는 불편함은 어느 정도일까?

✔ 장애인들은 왜 불편을 끼치면서 시위를 할까?

✔ 장애인들의 시위를 대놓고 비판하는 행위는 어떻게 봐야 할까?

✔ 장애인들은 시민들의 비판을 어떻게 받아들이고 대처해야 할까?

✔ 평화적인 시위 방법은 없을까?

생각 나누기 & 찬반 토론

• 장애인들의 지하철 시위가 어떤 방식으로 진행되고 있는지에 대해 정보 공유하기

• 출퇴근길에 시위를 마주한 시민들의 반응을 공유하고, 우리가 그 상황을 경험했다면 어떻게 반응했을지 말해 보기

- 지하철 시위 때문에 오히려 장애인들에 대한 인식이 나빠졌다는 의견이 많은데, 그런데도 왜 이런 시위 방법을 고수하는지 그 이유에 대해 서로의 생각 나누기
- 장애인과 비장애인 양쪽 입장에 대해 균형 잡힌 시각을 갖도록 유도하기
- 장애인들이 요구하는 이동권이란 무엇인지, 만일 나에게 이동의 자유가 허락되지 않는다면 어떤 기분일지, 이 문제를 어떻게 해결할 수 있을지 역지사지의 마음으로 고민해 보기
- 장애인들의 지하철 시위가 긍정적인 결과로 이어질 수 있을지 예측해 보고, 이에 대한 의견 나누기
- 지하철 시위로 인한 갈등을 해소하면서 좋은 결론을 얻을 수 있는 대안 찾아보기

직접 해봤더니

독일에 살았을 때 장애인들이 생활하는 모습을 많이 봤던 터라 장애인에 대한 아이의 시선은 그리 특별하지 않다. 바로 아래층에 살던 휠체어를 타던 아주머니와도 잘 지냈고, 친한 친구에게 지체장애 동생이 있어 낯선 존재가 아니였다고 할까. 일상에서 장애인을 마주했던 경험 때문인지 아이는 지하철 시위를 반대하는 입장에서 제 의견

을 말하는 것을 무척 힘들어했다. 그러나 반대로 우리나라에서는 왜 장애인들이 이동권을 두고 시위를 해야 하는지, 그 시위가 왜 사회적으로 큰 문제가 되는지, 당연하다고 생각한 것이 상황에 따라 당연하지 않을 수도 있다는 걸 알게 된 시간이기도 했다. 출퇴근 시간에 지하철을 타 본 경험이 없는 아이는 시위로 인해 대혼란을 빚는 뉴스 영상과 사진 등을 보며 불편을 겪는 일반 시민의 입장이 되어본 후에야 어떤 문제든 전적으로 한쪽 편만 들어서는 안 된다는 것을 깨닫게 되었다. 그렇지만 여전히 비난을 감당하면서까지 떠들썩한 시위를 이어갈 수밖에 없는 장애인들의 입장을 지지했으며, 장애인들이 편하게 이동할 수 있는 환경이 마련되도록 비장애인들이 함께 노력해야 한다고 주장했다.

이날 우리의 토론은 단지 장애인의 이동권 문제를 넘어 장애인을 바라보는 시선으로까지 확대되었다. 가장 인상적이었던 발언은 장애인에 대한 불평등한 인식을 바꾸기 위해 무엇보다 어린이와 청소년을 위한 장애인 인식개선 교육이 중요하다는 것이었는데, 그 이유가 어른인 나를 부끄럽게 했다. "어른들은 오랫동안 장애인을 차별적으로 대해온 게 몸에 배어 있어서 잘 안 바뀌는 것 같아요. 그러니 어린이들에게 장애인에 대해 바르게 교육하면 우리가 컸을 때는 다른 세상이 돼 있지 않을까요?"

토론 정리 및 마무리

지하철 시위를 하는 장애인들을 지지하는 입장과 비판하는 입장에서 각각 제시된 근거들을 되짚으며 토론 내용을 요약·정리하고 시위 방법에 따른 구성원 간의 갈등을 해결하기 위해 어떻게 하면 좋을지 해법을 논의해 본다.

여기서 한발 더 나아가 우리 사회에서 장애인과 같은 소수자들이 겪는 차별과 불평등 문제에 관해서도 얘기를 나누고, 모두가 함께 잘 살기 위해 바뀌어야 할 것들, 다 같이 노력해야 할 문제, 인식개선을 위한 교육 방향과 프로그램에 대해서도 고민해 보는 시간을 갖는다.

확장해서 생각해 볼 문제

✔ 장애인 인식개선을 위해 어린이들이 할 수 있는 일은 뭐가 있을까?

✔ 우리 사회에서 장애인 같은 사회적 약자로 살아가는 건 어떤 의미일까?

✔ 차별이 없는 사회, 평등한 사회는 어떤 사회를 말할까? 그런 사회는 어떻게 만들어질까?

✔ 권리를 주장하기 위해 다양한 시위가 열리는데, 시위의 자유는 어디까지 허용해야 할까?

청소년 정치 참여, 어디까지 괜찮을까

토론 주제

난이도 ★ ★ ★ ★ ★ ★ 사회·정치 문제에 관심이 있는 초등 고학년에게 적합한 주제

어린이와 청소년의 권리 및 사회 참여에 대해 고민해 볼 수 있다.

준비 자료

- 헌정사상 첫 피선거권 하향… 대선 길목서 열린 '만 18세 출마길'
  연합뉴스, 2021년 12월 28일자

- 고1도 '정당 가입'…"선거교육·학내 정치활동 제도 보완해야"
  EBS 뉴스, 2022년 1월 12일자

- 고3 국회의원, 고1 당원 가능… 일선 학교 준비는 "글쎄"
  뉴시스, 2022년 1월 12일자

- '첫 피선거권' 지방선거 10대 출마자 만나보니
  KBS뉴스, 2022년 5월 15일자

논제요약

2022년 지방선거를 앞두고 전국에서 7명의 10대 청소년이 선거에 출마한 것으로 알려졌다. 출마가 가능해진 것은 2021년과 2022년에 연달아 청소년 정치 참여와 관련된 법 개정이 이루어졌기 때문이다. 법 개정으로 국회의원 선거와 지방선거에 출마할 수 있는 피선거권 연령이 만 25세에서 18세로 낮아졌고, 만 16세 이상이면 정당 가입도 가능해졌다. 다만 18세 미만 청소년이 정당에 가입할 때는 법정대리인, 즉 부모의 동의서가 필요하다.

그러나 청소년의 정치 참여가 상당 부분 확대된 것을 두고 상당한 견해 차이가 있다. 부정적인 시각은 기성세대의 정치 갈등이 교실 안에서도 벌어질 수 있다는 우려와 함께 정치인들이 자기편을 만들기 위해 공부가 본업인 학생들을 부추기고 있다는 견해이다. 반면에 정당 가입 시 부모의 동의서를 제출하는 절차를 없애야 한다, 아예 정당 가입 연령 제한 자체를 폐지해야 한다, 학생들의 정치 참여가 가능해진 상황에서 교사들이 정치적 발언을 금지하고 있는 '정치적 중립성'을 재논의해야 한다는 등 청소년의 정치 참여를 적극 지지하는 입장도 있다. 자기 목소리를 내는 데 익숙한 청소년들의 정치 참여가 앞으로 더 확대될 것으로 예상되는 가운데, 학생들의 정치 참여를 어디까지 허용해야 할까?

❗TIP 청소년 정치 참여 확대에 관한 찬반 토론을 진행할 때 더 세부적으로 구체적인 논의가 가능하다. 예를 들어 '현행 정치 참여 확대안 찬성 vs 반대' '정당 가입 연령 제한 폐지 찬성 vs 반대' '교사의 정치적 발언 허용 vs 금지' 등을 주제로 찬반 토론을 진행할 수 있다.

기대 효과 및 방향성

아이들에게 정치 관련 이슈는 어렵고 복잡하다. 사회에 관심을 가질 때 빼놓을 수 없는 분야지만, 아이와 대화를 나누기에 적당하지 않은 주제일 때가 더 많다. 그러나 다루기 어려운 정치 사안이라도 자기 또래와 관련된 것이라면 보다 적극적인 자세로 토론에 임하기 때문에 해당 주제로 이야기를 나누면 생각보다 다양한 견해를 들을 수 있다. 토론 주제는 정치 참여에 한정되어 있지만, 우리 정치가 나아갈 바람직한 방향과 사회 구성원으로서 세상을 바라보는 올바른 시각을 기르는 데도 도움이 된다.

아이가 해당 주제를 자신이나 또래 문제로 인식하여 즐겁게 토론에 임할 수 있도록 유도하고, 토론이 너무 딱딱한 방향으로 흐르지 않도록 주의를 기울여야 한다. 이 주제만큼은 아이의 눈높이에 맞추기보다 어른의 관점에서 바른 가치를 심어주는 쪽으로 이끌어가도 좋다.

✔ 정치라는 건 무엇일까? 정치인은 왜 필요할까?

✔ 좋은 정치란 어떤 것일까? 좋은 정치를 위한 정치인의 역할은 무엇일까?

✔ 청소년 국회의원, 청소년 정치인이 탄생할 수 있을까?

✔ 그동안 청소년의 정치 참여가 제한됐던 이유는 무엇일까?

✔ 청소년 정치인은 기성세대 정치인과 어떤 차별성이 있을까?

✔ 직접 정치에 참여하지 않고도 좋은 정치를 위해 우리가 할 수 있는 일은 무엇일까?

✔ 경험이 많다는 것, 연륜이 있다는 것은 정치를 하는 데 어떤 장점이 있을까? 반대로 단점은 없을까?

✔ 경험이 적다는 것, 나이가 어리다는 것은 정치를 하는 데 어떤 장점이 있을까? 반대로 단점은 없을까?

✔ 청소년 정치 교육에서 교사나 어른들의 역할은 무엇일까?

✔ 청소년의 정치 참여를 반대하는 학부모, 선생님들은 어떤 이유에서 그럴까?

✔ 청소년의 정치 참여가 제대로 자리 잡기 위해서는 어떤 노력이 필요할까?

생각 나누기 & 찬반 토론

- 우리 정치에 대해 어떻게 생각하는지 밝히고, 긍정적인 면과 부정적인 면을 평하고 이야기 나누기
- 과거와 비교하면 많이 젊어진 우리나라 정치 상황을 설명하고, 이에 대한 의견 나누기
- 청소년 정치 참여 확대와 관련해 개정된 법률을 소개하고, 예전 법과 비교해 얼마나 달라졌는지 내용 공유하기
- 해외에서는 청소년 정치 참여가 어떻게 이루어지고 있는지 알아보고, 우리나라에도 적용할 수 있는지 논의하기
- 청소년들의 직접적인 정치 참여가 앞으로 어떤 변화를 일으킬지 의견 나누기
- 청소년 정치 참여를 지지하고 지금보다 더 확대해야 한다 vs 제한해야 한다는 상반된 양측 입장에서 각각 자신의 의견을 내세우고, 이를 통해 청소년 정치 참여의 장단점을 생각해 보도록 유도하기
- 청소년 정치 참여의 전제가 되어야 할 정치 교육은 어떤 식으로 이루어지는 게 바람직할지 생각해 보고, 교사들의 정치적 중립 의무에 대해 찬반 토론하기

직접 해봤더니

평소에도 나와 종종 정치 문제를 가지고 대화를 나눈 덕분인지 아이는 또래보다 국내외 정치적 상황이나 이슈에 대해 아는 바가 많다. 그래서 그런지 몰라도 해당 주제에 대해 큰 관심을 드러내며 적극적인 발언 태도를 보였다.

어릴 때부터 정치에 관심을 갖고 바른 가치를 형성하는 것이 중요하다고 생각하는 나는, 대체로 청소년의 정치 참여에 찬성하는 뜻을 견지하면서 동시에 아이가 미처 생각하지 못한 부분을 지적하려 노력했다. 좀 더 자세히 말하자면 청소년의 정치 참여가 무조건 바람직하다고 생각하지 않도록 반대하는 어른들의 입장이 무엇이고 어떤 점에서 타당한지, 청소년들이 정치 참여가 자리 잡은 해외에서는 어떤 역사적 배경과 교육과정이 있는지 등을 토론 과정에서 설명했다.

토론 후반부에 아이는 원래 생각대로 '청소년들의 정치 참여는 바람직하다'는 주장을 고수하며, 반드시 좋은 교육이 필요하다는 전제를 깔았다. 또 청소년들의 정치 참여가 필요한 이유에 대해 '어른들이 중요하게 생각하는 정치 경험은 한순간에 생기지 않으므로 일찍부터 경험하고 그걸 통해 공부하면 더 좋은 정치를 펼칠 수 있다'는 설명도 덧붙였다.

토론 정리 및 마무리

청소년 정치 참여 확대에 대한 찬성과 반대 의견 및 그 근거들을 정리한다. 앞으로의 확대 여부에 대해 부가적으로 논의한 내용도 다시 한번 언급해주며, 토론 전후로 생각에 변화가 있었는지도 물어본다. 아무래도 아이들은 해당 주제에 대해 찬성 쪽으로 쏠릴 가능성이 크기 때문에, 정리 및 마무리 단계에서 반대 입장에서 거론된 우려들에 대해서 다시 한번 되짚어주는 시간을 갖는다.

좋은 세상은 좋은 정치가 만들고, 좋은 정치를 위해서는 청소년과 어른의 뜻이 다를 수 없으며 각자 위치에서 어떤 노력을 하면 좋을지 지속적으로 고민해 보도록 격려하는 질문을 던진다. 나중에 청소년들의 정치 참여가 실제로 어떻게 이뤄지고 있으며, 그로 인해 달라진 점은 무엇인지 후속 토론을 해 보는 것도 좋다.

확장해서 생각해 볼 문제

✔ 청소년 정치인이 탄생한다면 어떤 역할을 수행하는 게 좋을까?

✔ 교사의 정치 중립은 왜 필요할까? 지키지 않으면 어떻게 될까?

✔ 어린이들에게도 투표권을 주는 등 정치 참여를 지금보다 더 확대하면 어떻게 될까?

✔ 청소년 정치인의 경우 학교 수업은 어떻게 참여해야 할까?

✔ 나중에 정당을 만든다면 어떤 정당을 만들고 싶은가?

배달 앱 별점 리뷰 실명제 도입, 필요할까

토론 주제

난이도 ★ ★ ★ ★ ★　소셜미디어를 써 본 경험이 있는 고학년 이상에게 적합한 주제

온라인상에서 벌어지는 사회적 이슈에 대해 고민하고 해법을 모색해 볼 기회를 제공한다.

준비 자료

- "죄송 또 죄송…리뷰가 사람 잡습니다" 사장님 '오열'
  한국경제, 2022년 2월 5일자

- 악플감소 vs 표현 위축…'리뷰 실명제' 갑론을박
  이데일리, 2021년 6월 28일자

- "아이디→사진→이름 공개?"…불붙는 '댓글실명제'
  헤럴드경제, 2021년 5월 15일자

- 사이버 렉카 '혐오 콘텐츠' 처벌 강화해야…호기심 소비도 공범
  뉴스1, 2022년 2월 8일자

논제 요약

어떤 제품을 고를지 고민일 때 다른 소비자들이 남긴 리뷰와 평가를 참고할 때가 많다. 문제는 리뷰가 조작되거나 일부러 악의적으로 쓰는 경우가 있다는 것. 이럴 때는 리뷰를 믿고 구매한 소비자에게도 피해가 가지만, 판매자에게는 막대한 피해와 고통이 따른다.

코로나 이후 음식 배달이 폭증하면서 배달 앱에 달리는 별점 평가와 리뷰로 고통을 호소하는 자영업자들이 늘고 있다. 리뷰가 판매에 지대한 영향을 끼친다는 사실을 악용해 이유 없이 별점 테러를 하거나 리뷰를 미끼로 말도 안 되는 요구를 하는 진상 고객이 많아졌기 때문이다. 심지어 진상 고객의 갑질로 자영업자가 사망하는 사건이 일어나면서 일명 '리뷰와의 전쟁'을 선포하고 나선 자영업자들이 늘고 있다. 자영업자들은 리뷰 갑질을 막기 위해 실명제 도입을 요구하고 나섰는데, 일각에서는 아예 리뷰를 없애거나 다른 평가 방식을 도입해야 한다는 주장도 제기되고 있다. 반면에 온라인 댓글 실명제 논란 때와 마찬가지로 표현의 자유를 내세우며 실명제를 반대하는 목소리도 만만치 않다. 리뷰 실명제, 나아가 댓글 실명제는 필요할까? 아니면 개인의 자유를 제한하기 때문에 도입하지 말아야 할까?

❗TIP '온라인 리뷰 및 댓글 실명제 찬성 vs 반대'로 찬반 토론 진행하고, 실명제 외에 다른 대안이 있는지 모색해 본다.

기대 효과 및 방향성

인터넷과 온라인이 오프라인보다 익숙한 아이들에게 온라인 세상이 끼치는 영향력은 실로 강력하다. 문제는 온라인 세상은 상대를 대면하지 않고 이뤄지는 소셜 활동인 데다가 익명성이 강력하게 보장되는 세계이기 때문에 오프라인보다 더 많은 문제들을 초래한다는 사실이다. 리뷰나 댓글만 봐도 익명성을 방패 삼아 악용할 소지가 다분하다. 물론 익명이라서 리뷰나 댓글을 솔직하게 쓸 수 있고, 이러한 정보가 다른 소비자들에게 도움이 되는 것도 간과할 수 없는 부분이긴 하다.

표현의 자유 뒤에 숨은 날카로운 칼이 누군가에는 치명타가 될 수 있고, 대면이든 비대면이든 실명이든 익명이든 자신이 내뱉은 말에는 책임이 따른다는 점을 깨달을 수 있게 구체적인 사례를 들어 토론을 진행한다. 더 나아가 리뷰 및 댓글 실명제와 더불어 늘 거론되는 사이버 불링의 위험성에 대해서도 알아보고, 이와 관련한 논제를 계속해서 다루면서 디지털 환경에서의 올바른 소통 능력과 책임감을 기를 수 있도록 이끌어주는 것이 좋다.

아이의 생각을 깨우는 엄마의 질문

- ✔ 리뷰나 댓글을 써 본 경험이 있나? 어떤 생각과 기준으로 썼나?
- ✔ 리뷰나 댓글로 인해 기분이 나빴거나 상처받은 적이 있나?
- ✔ 온라인 리뷰는 왜 시작됐을까? 리뷰는 어떤 기능을 할까?
- ✔ 온라인(비대면)과 오프라인(대면)에서 사람들의 태도는 어떤 차이가 있을까?
- ✔ 표현의 자유라는 건 무엇일까? 어디까지 허용해야 할까?
- ✔ 리뷰나 댓글은 어떤 힘을 가지고 있을까?
- ✔ 거짓으로 리뷰를 달거나 악플을 쓰는 사람들은 왜 그런 행동을 하는 걸까?
- ✔ 리뷰나 온라인 실명제는 어떤 장단점이 있을까? 실명제를 도입하면 악의적 댓글이 사라질까?
- ✔ 리뷰나 댓글 기능을 아예 없애면 어떨까?
- ✔ 리뷰와 댓글의 순기능을 살리려면 어떻게 해야 할까?

생각 나누기 & 찬반 토론

- 리뷰나 댓글과 관련한 자신의 경험을 바탕으로 스몰토크 시작
- 온라인 실명제를 둘러싼 오래된 논란을 설명하고, 온라인상에서

여전히 익명성이 강하게 보장되는 이유에 대해 생각해 보기
- 악의적인 리뷰로 인한 피해 사례를 공유하고, 리뷰의 순기능과 역기능에 대해 알아보기
- 악의적으로 리뷰를 쓰거나 평점 테러를 하는 사람들로 인한 피해를 어떻게 하면 줄일 수 있는지 해결책을 고민해 보기
- 온라인 댓글에 대해서 같은 방식으로 피해 사례를 공유하고, 댓글의 순기능과 역기능에 대해 의견을 나눈 뒤 해결책을 논의하기
- 실명제를 둘러싼 찬반 입장을 모두 경험해 본 뒤 익명성의 장단점을 함께 생각하되, 아이가 표현의 자유와 그에 따른 책임을 명확하게 인식할 수 있도록 토론을 진행하기

직접 해봤더니

컴퓨터와 친숙하고 온라인 경험이 많은 아이는 리뷰나 댓글이 누군가를 죽일 수도 있다는 이야기를 듣고는 아주 놀라워했다. 그간의 토론 활동을 통해 미디어나 온라인의 부작용에 대해서는 어느 정도 알고 있었지만, 댓글이나 리뷰가 사람의 목숨까지 해칠 수 있단 생각을 미처 하지 못했기 때문이다. 아이는 즐겁고 재미있고 편리하고 유익한 공간으로서의 온라인 세상을 절대 지지하는 입장인 터라 비교적 토론은 바람직한 방향으로 원활하게 진행되었다.

아이는 리뷰나 댓글 실명제에 적극 찬성하며, 실명제가 도입된다면 인터넷에서 글을 쓸 때 책임감을 느끼게 될 것이라고 말했다. 또 실명제를 실시한다고 해서 얼굴이 드러나는 것도 아닌데, 솔직한 평가나 표현에 제한받을 이유가 없다는 점을 찬성의 이유로 들었다. 아이디나 닉네임은 엄연히 온라인상의 또 다른 자기 이름인데 그 뒤에 숨어서 악의적으로 행동하는 것을 이해할 수 없다는 말도 덧붙였다. 그러면서 실명제를 도입해도 악의적으로 글을 쓰는 사람들을 완전하게 막을 수는 없겠지만, 적어도 '무서워서' 그만두는 사람들은 있을 거라는 생각도 밝혔다.

이번 토론은 아이가 온라인상에서 의사를 표현할 때 책임감을 갖고 좀 더 신중한 태도를 보여야 한다는 것을 스스로 깨닫게 됐다는 점에서 얻은 바가 무척 컸다. 아울러 코딩 콘텐츠를 제작해 올리는 유튜브 채널을 운영하고 있는 아이가 혹시 모를 악성 댓글에 어떤 태도를 취해야 할지 배우는 소중한 시간이 되었다.

토론 정리 및 마무리

토론 중에 제시된 리뷰 및 댓글 실명제 도입을 찬성하는 이유와 반대하는 이유를 다시 한번 정리하고 공유한다. 실명제에 대한 각자의 입장을 정리하고, 실명제 도입 전까지 지금 당장은 어떤 방법을 쓰면 좋을지 고민해 보고, 실명제보다 더 효과적인 해결책이 있을지 이야기를 나눠보는 시간을 갖는다.

토론 마무리 단계에서 무엇보다 중요한 것은 온라인상에서 어떤 태도를 가져야 할지 스스로 생각하게 만드는 것이다. 그동안 온라인상에서의 의사 표현이나 태도 중 반성할 점이나 고쳐야 할 점을 솔직하게 이야기하고, 앞으로 어떻게 하는 게 바람직한 태도일지 의견을 나눈다. 이때 아이 스스로 잘못을 깨닫고 올바른 방향을 잡을 수 있도록 엄마의 무한 격려와 칭찬이 필요하다.

확장해서 생각해 볼 문제

✔ 실명제 도입을 넘어 IP 주소를 공개하자는 주장에 대해서 어떻게 생각하는가?

✔ 악의적 댓글과 리뷰에 대한 법적 처벌이 필요할까? 한다면 어떤 기준에 따라 어느 정도의 처벌이 적당할까?

✔ 통신 매체를 통해 이뤄지는 언어폭력 같은 온라인 괴롭힘, 일명 '사이버 불링'에 대해서 어떻게 대처해야 할까?

엄마표 토론에 진심이라서요

"좋다는 건 알죠. 할 수만 있다면 그보다 좋은 교육이 어디 있 겠어요. 하지만 실천할 수 있는 열정과 내공을 가진 엄마가 몇이나 될까요? 일단 어떻게 시작해야 할지 엄두가 나지 않아요."

"솔직히 온종일 회사에서 시달리고 집에 가면 말할 힘조차 남아 있지 않아요. 대부분의 워킹맘들 현실이 비슷하지 않을까요. 엄마표? 그것도 토론이요? 진짜 언감생심이에요."

다양한 상황에서 만나는 부모님들에게 '엄마표 토론'에 대해 말하면 대부분 비슷한 반응을 보이십니다. 딱 잘라 말하든 길게 돌려 말하든 핵심은 이렇습니다.

'정말 좋지만 나는 할 수 없다.'

그러면서 덧붙이기를 아이들을 직접 가르치는 게 어떠냐고, 그간의 경험을 바탕으로 학원을 열면 수강생이 줄을 설 것 같다고 말씀하시죠. 그럴 때마다 제가 하는 말이 있습니다.

"제가 엄마표 토론에 진심이라서요."

그런가 하면 저의 '진심'에 동참하여 직접 엄마표 토론을 시작하시고 피드백을 보내오는 분들도 더러 있어요. 늘 독서토론만 생각하고 어떻게 해야 할지 몰라 막막했는데, 이렇게 일상 대화를 활용했더니 너무 즐겁더라면서 편견을 깨주어서 고맙다는 분도 있고, 욕심내지 않고 천천히 접근했더니 이제는 아이가 먼저 "엄마 생각은 어때?"라고 물어보며 토론 대결을 신청해오는 데까지 발전했다는 분들도 있습니다.

이런 이야기를 전해 들을 때마다 저는 몇 년 뒤 그 가족의 모습을 상상하며 행복해집니다. 토론이라는 깊고 진지한 대화를 통해 서로를 이해하고 자기 내면을 진실하게 내보이는 동안 얼마나 단단한 관계가 형성되어 있을지 상상이 가니까요. 각자의 의견을 조율하고 해결책을 찾는 방법을 터득하게 될 테니 갈등이 생긴다 해도 지혜롭게 해결하는 내공이 쌓입니다. 시시콜콜 사소한 일부터 중요한 결정이 필요한 문제까지 함께 고민하면서 서로가 서로에게 얼마나 중요한 존재인가 깨닫게 됩니다. 아이의 내면이 견고하게 성장해가는 모습을 보면서 엄마가 느끼는 행복은 또 어떻고요.

이제 막 엄마표 토론을 시작한 분들은 제가 상상하는 몇 년 뒤가 아직 잘 와 닿지 않을지 모르지만, 제 눈에는 선명하게 보입니다. 지난 4년간 엄마표 토론을 하면서 그게 얼마나 행복한 경험인지, 아이의 성장과 가족 관계에 어떤 힘을 발휘하는지를 제가 이미 경험했고 검증했기 때문입니다.

우리 집 아이는 열세 살 남자아이입니다. 나이를 들으면 다들 이제 곧 사춘기가 시작된다며 걱정하지만, 그런 걱정은커녕 지금까지 주변에서 어떻게 그렇게 사이가 좋으냐고 물어옵니다. 사실 아이와의 관계는 저의 자부심이기도 합니다. 우리의 이 좋은 관계의 바탕에는 어떤 상황에서든 어떤 주제로든 깊이 대화할 수 있는 힘, 서로의 생각을 궁금해하고 묻고 답하며 끊임없이 이야기할 수 있는 힘이 깔려 있습니다. 물론 아이가 어렸을 때부터 대화하기를 즐겨한 이유도 있겠지만, 저는 본격적인 '쌍방향' 대화가 가능했던 아홉 살부터 '엄마표 토론'을 일상화한 덕분이라고 굳게 믿고 있습니다.

잡지기자 시절에 교육 섹션을 담당하면서 수많은 교육현장을 취재했습니다. 본보기가 될 '엄마표' 성공 사례나 자기주도 학습의 좋은 예도 많이 보았고, 입이 떡 벌어지는 수준의 사교육 현장을 취재한 경험도 많습니다. 그러나 엄마가 되고 아이를 키우는 입장이 되고 나니 교육에 대한 기준 자체가 달라졌습니다. 방법을 떠나 교육은 스스로 즐거워야 하며 아이는 물론이고 부모도 함께 성장하는 방식이어야 한다고 생각하게 됐죠.

저의 갈증을 해결해줌과 동시에 교육적 가치를 실현 가능케 해준 것이 바로 엄마표 토론입니다. 아닌 게 아니라 엄마표 토론은 관계를 탄탄하게 해주는 대화 형태이자 동시에 가장 좋은 교육법이기도 합니다. 교과서를 통해서는 배울 수 없는 가치관과 인격 형성, 공감 능력과 판단력, 올바른 시각을 갖추게 해줍니다. 그뿐만 아니라 토론을 하면서 다양한 배경지식도 쌓이게 됩니다. 앎에 대한 호기심, 지적 탐구 능력이 향상되면 모든 부모님이 꿈꾸는 '자기 주도'의 힘도 발휘하게 되지요.

이렇듯 엄마표 토론은 장담하건대 관계와 학습력, 두 마리 토끼를 잡을 수 있는 최고의 방법입니다. 단, 그러기 위해서는 가능한 한 일찍 시작하고 꾸준히 실천하면서 몸에 밴 강력한 습관으로 만들어야 합니다.

장벽이 높아 보이지만 어려울 건 없습니다. 이미 일상에서 자신도 모르는 사이 다양한 토론 상황을 경험하고 있으니까요. 이제 노력할 것은 조금 더 의식하면서 '아, 이런 상황에서도 토론이 가능하겠구나' 하는 사고의 전환을 불러오는 것입니다. 평소에 똑같이 하던 질문도 오픈형으로 바꾸고, 아이의 호기심을 건드리는 사소한 말들을 끊임없이 건네는 식으로 말입니다.

이 책은 토론의 중요성은 알지만, 도대체 어떻게 접근해야 할지 모르겠고 무조건 어렵게만 느껴진다는 부모님들에게 '쉬운 시작점'이 되기를 바라는 마음으로 써 내려갔습니다. 지난 4년간의 경험을 바탕으로 하고 싶은 말들은 더 많았지만, 오직 '입문'에 초점을 맞춰 압축한 결과물입니다. 교육에 대해 저와 같은 결을 가진 부모님들, 혹은 좀 다른 교육을 해 보고 싶다고 고민하면서도 막상 길을 몰라 헤맸던 분들, 싸우지 않고 아이와 엄마가 함께 행복한 교육은 없을까 고민하는 분들과 공유할 생각으로 글을 쓰는 내내 신이 났습니다.

마지막 책장을 덮는 순간 여러분에게 엄마표 토론을 시작할 용기가 생겨났기를 간절히 바라는 마음입니다. 막상 시작하고 나면 '별 게 아니네, 나도 할 수 있구나' '생각보다 재밌네' 하는 의식의 변화가 일어날 겁니다. 그 즐거움을 동력으로 삼아 지속해 나간다면 여태껏 제가 말했던 '엄마표 토론의 힘'을 온몸으로 자각하게 되는 '그날'이 반드시 올 거예요.

그래도 여전히 망설이는 분들에게 마지막으로 한마디만 하겠습니다. 이 책 어딘가에도 나오듯 '토론' 말고 '엄마'에 집중해 보세요.

세상에서 엄마를 대체할 수 있는 존재는 없습니다. 토론도 결국은 대화이고, 아이와 하는 대화에서 엄마 역할은 누구도 대신할 수 없습니다. 이 책은 토론을 표방하고 있지만, 실은 대화의 기술이자 동시에 좀 더 현명하고 지혜로운 자녀 교육 방법을 제시하고 있음을 고백합니다.

엄마표 토론, 더는 주저할 이유가 없지 않나요?

박진영

엄마표 토론
말 한마디 질문 하나로 시작된다

글쓴이 박진영
펴낸이 곽미순 | 편집 박미화 | 디자인 이순영
펴낸곳 ㈜도서출판 한울림 | 기획 이미혜
편집 윤도경 윤소라 이은파 박미화 김주연
디자인 김민서 이순영 | 마케팅 공태훈 윤재영 | 경영지원 김영석
출판등록 1980년 2월 14일(제2021-000318호)
주소 서울특별시 마포구 희우정로16길 21

대표전화 02-2635-1400 | 팩스 02-2635-1415
블로그 blog.naver.com/hanulimkids
페이스북 www.facebook.com/hanulim
인스타그램 www.instagram.com/hanulimkids

첫판 1쇄 펴낸날 2022년 10월 12일
ISBN 978-89-5827-140-6 13590